絵でわかる
An Illustrated Guide to Cyber Security
サイバーセキュリティ

岡嶋裕史 著
Okajima Yushi

講談社

ブックデザイン――――安田あたる
カバー・本文イラスト―平坂紗矢佳

はじめに

セキュリティの本を書く機会を、これまでずいぶんたくさんいただきました。そのたびに、読者の方に申し訳ないなあと思うことがあるのです。読書というのは何らかのカタルシスを求めて行います。意外な犯人がわかった、トリックに綺麗にだまされた、泣くほど感激した……。パターンはいろいろありますが、どれも「本を読んでよかったなあ」と感じます。少なくともぼくはそうです。

でも、セキュリティの本はあまりカタルシスを与えてくれません。「××さえすれば、明日からセキュリティはばっちりだ！」とはいかないのです。せいぜい、「安全の確保のためには、日々を細心の注意をもって暮らし、時々刻々と知恵と知識をアップデートするのがいい」ことがわかるくらいです。これでは、爽快感ではなく、ストレスがたまります。

この本では、「せっかく得た知識も、どうも賞味期限が短そうだ」といった恐れに直面しなくてすむように、セキュリティの根っこの考え方を中心にお話を組んでいます。セキュリティの最前線でバリバリと戦う方は、秒単位で新しい技術を吸収しなければやっていけませんが、本書の読者は多くのかたが「そこまで気負うつもりはなくて、日常の仕事や暮らしをもうちょっと安心できるようにできればじゅうぶんだ」とか、「将来的には最前線で戦うけれども、今現在は低空飛行でもいいから資格や単位を取りたい」という動機をお持ちのことと思います。そういうかたにとっては、セキュリティ技術者並の知識を網羅することはコストパフォーマンスが悪いですし、何よりとても重荷です。

１つ１つのセキュリティ技術やセキュリティポリシーを見ると、そのときどきの技術的潮流、メーカーの都合、コンサルタントの思惑などで百花繚乱、全部覚えられるとは思えません。けれども、根っこにある「セキュリティっぽい考え方」を知っておくことで、「ああ！ このわけのわからない呪文も、確かにこのセキュリティ原則に根ざしているのだ！」と、すとんと腑に落ちるようになる書籍を目指しました。

原則、根っこの部分であれば、そんなにたくさんの事柄を頭に詰め込む必要がありませんし、どうしても新しい知識に向き合わざるを得ないときにも、それをすぐに理解させてくれる効果があります。

実際のところ、これだけインターネットや情報システムのインフラ化が進むと、すべての人が一定水準のセキュリティの知見を持っていたほうがいいと思うのです。「なんだかおかしいな」と思える技能は、自分や身近な人、ひいては社会を安全にします。

ちょっと不穏な食べ物（賞味期限に昭和が刻印されてるとか）を口にして、「なんだかおかしいな」と思う力は、生まれると必ずおまけでついてきますが、セキュリティのそれは学ばないと得られません。

たとえば、PPAPを撲滅しようという運動がさかんです。あれは、送るほうは自動化アプリでやっていますが、受け取る側にとっては面倒で迷惑この上ありません。それでも安全の役に立っていればいいのですが、この書籍を最後まで読みすすめると分かるように、メールが盗聴される状況ならば1通目も2通目も盗聴されている確率が非常に高いので、このセキュリティ対策にはほぼ意味がありません。

セキュリティの知識がないからこんなしくみを組んでしまうのか、知識はあるけれども本気の対策は手間も時間もお金もかかるからアリバイ工作的に「なにかやった感」を出したいのか、いずれにしろ、メールを受け取る側はそれに付き合わされて、積み上げれば膨大な手間と時間を、意味のない対策に奪われています。日本の生産性の低さがよく話題になりますが、こんなことを繰り返していれば、そりゃあ良くはならないでしょう。世の中を見渡してみれば、これに類する「対策ごっこ」や「仕事ごっこ」は意外に多いのです。

「おかしいなあ」と多くの人が感じ、声を上げることができれば、自分や家族の身の安全を確保するだけでなく、ちょっと気持ちのいい働き方ができたり、いずれは日本の生産性まで上がってしまうかもしれません。そんなことに、ほんの少しだけでも本書が役に立てば、これ以上の幸せはありません。

本書執筆にあたっては、姉妹書『絵でわかるネットワーク』に引き続き、講談社サイエンティフィクの秋元将吾様に多大なるご尽力を頂きました。記して感謝申し上げます。お手にとってくださった皆さまに深謝して、筆を置きたいと思います。

2020年6月

岡嶋 裕史

絵でわかる
サイバーセキュリティ
contents

セキュリティの入門——門の前くらい

セキュリティとリスク

「セキュリティ」とはなんでしょうか。なんとなくコンピュータに関連しているイメージがありますが、コンピュータなどなかった時代にもセキュリティという言葉はありました。まずは「セキュリティ」とはなにか、そしてセキュリティと対をなす「リスク」とはなにかについて学んでいきましょう。

1.1 セキュリティ
守りたいものはたくさんある

セキュリティの 3 要素

セキュリティとは何でしょうか？　人によって思い浮かべるコトやモノが変わってくると思います。ある人は空港の手荷物検査を思い浮かべるかもしれませんし、クラブの黒服をイメージする人もいるでしょう。コンピュータのウイルス対策などがそうだと言う人もいると思います（**図 1.1**）。何かを学んだり、実行したりするときは、言葉の意味をはっきりさせておく必要があります。セキュリティは有名な言葉になってしまったため、意味が拡散してしまいました。

情報セキュリティを考えるときに、一般的かつ汎用的な定義は「経営資源を脅威から守り、安全に経営を行うための活動全般」です。もう少しかみ砕いて、「大事なものを、それを脅かすものから守り、安心・安全に暮らすためのあれやこれや」としてもいいでしょう。

ウイルス対策や不正アクセス対策だけがセキュリティ対策でないところがポイントです。安全に仕事をしたり暮らしたりするための活動がセキュリティですから、そこには、**図 1.2** のように古くからある泥棒対策や自然災害への備えなども入ってきます。

あとで述べるように、セキュリティへの備えをするには、**網羅性**（色々なことを漏れなく実行すること）が重要です。そのとき、「セキュリティ

図 1.1　さまざまなセキュリティ

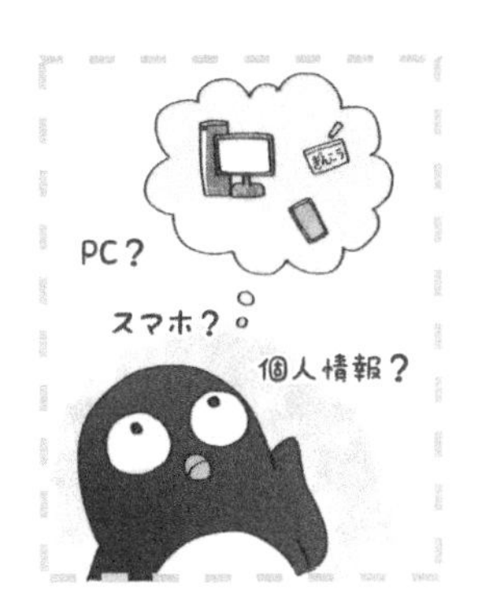

図 1.2　守らないといけないものはたくさんある

とはウイルス対策のことだ」と狭く考えていると、盲点が生じてしまいますから、今の段階でセキュリティの定義をしっかり理解しておきましょう。

もう少しテクニカルな書き方をすると、たとえばセキュリティの国際標準に準拠した文書（**JIS Q 27000**）では情報セキュリティを「情報の機密性、完全性及び可用性を維持すること」としています。ちょっとわかりにくい表現ですが、やることがはっきりしている書き方です。機密性と完全性と可用性をつくって、維持すればいいわけです。

この３つを、**情報セキュリティの３要素**や、**情報セキュリティの CIA** といいます。CIA は、**機密性**（**Confidentiality**）、**完全性**（**Integrity**）、**可用性**（**Availability**）の頭文字から作った用語です。CIA の説明は次項にゆずるとして、最近ではこの３つに**責任追跡性**（システムや利用者の行動が記録され、後から確認できること）、**真正性**（システムも利用者も、なりすましなどが起こっていないこと）、**信頼性**（システムが矛盾なく動作すること）を加えて、**情報セキュリティの６要素**とすることもあります。

機密性

機密性とは、ある情報資産（情報資産の話題はあとで出てきますが、ここでは「だいじなもの」と考えておけば大丈夫です）が、許可を得ている人しか見たり使ったりできないことです（**図 1.3**）。

説明を具体的にするために、情報資産をファイルだと考えてみましょう。たとえば小説の原稿を記録したファイルです。書いている最中にたくさんの人に読まれてしまったら売り物にならなくなるので、基本的には誰にも見られたくありません。でも、意見を言ってくれる編集者さんには見て欲しいですし、共同執筆者がいるならその人には修正や追記をしてもらうこともあるでしょう。

ファイルに対して、
- 自分　　　　　何でもあり
- 共同執筆者　　編集権限あり
- 編集さん　　　閲覧権限あり
- その他　　　　何もできない

こうした状況を、「機密性がコントロールされている」といいます。私たちもふだんの生活で、機密性のコントロールを行っていることがあります。

図 1.4 は、Windows でファイルのプロパティを見たところです。あるファイルに対して Everyone（一般利用者）が、「読み取り」権限しか持っていないことがわかります。つまり、ファイルの内容を読むことしかできないわけです。ふだん、ファイルは読んだり、書いたり、変更したり、削

図 1.3　機密性のコントロール

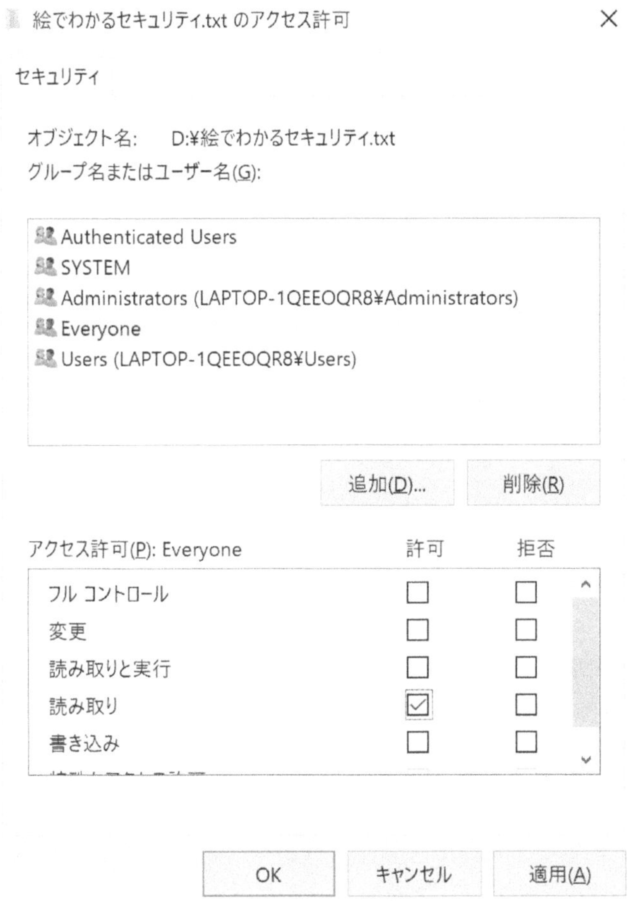

絵でわかるセキュリティ.txt のアクセス許可

セキュリティ

オブジェクト名:　D:¥絵でわかるセキュリティ.txt
グループ名またはユーザー名(G):

Authenticated Users
SYSTEM
Administrators (LAPTOP-1QEEOQR8¥Administrators)
Everyone
Users (LAPTOP-1QEEOQR8¥Users)

追加(D)...　削除(R)

アクセス許可(P): Everyone	許可	拒否
フル コントロール	☐	☐
変更	☐	☐
読み取りと実行	☐	☐
読み取り	☑	☐
書き込み	☐	☐

OK　キャンセル　適用(A)

図 1.4　権限の確認

除したりできますので、それに比べて制限されています。

もちろん、自分が使う場合には、書き込みや実行ができるようにしておくので、人によって機密性の段階を変えて、ちゃんと管理していることになります。

完全性

完全性とは、ある情報資産が正確で、完全であるということです。完全というのは、欠けていたり、変更されたりしていない様を言っています。

10万円借りたはずの借用書が、いつの間にか1000万円の借用書に書き換えられていたら大問題ですし、苦労して書き上げた100枚のレポートが保存しているうちに20枚に減ってしまったら泣きたくなります。

紙の文書であれば、10万を1000万円に書き換えれば何らかの痕跡が残りそうですが、ワープロのデータなどのデジタル文書はぱっと見では修正の痕跡がわからないので、何らかのしくみが必要になってきます。

たとえば、配布されているアプリに**ハッシュ値**という数値が記されていることがあります。**図1.5**のようにデータを**ハッシュ関数**という特殊な関数にかけると出てくる数値で、ダウンロードしたアプリから計算したハッシュ値と、Webサイトで公開されているハッシュ値に違いがあれば、ダウンロードで入手したアプリには何らかの変更（ウイルスが混入されるなど）が加えられている可能性があります（**図1.6**）。

完全性が損なわれると、情報システムは一気に危機に瀕してしまいます。しかし一方で、チームで情報をシェアしたり、共同作業をしたりする機会が増え、完全性を保つことは難しくなってきています。1つの文書をみんなで協力して作り上げると作業の速度や効率は増しますが、「自分がした作業を、それを反映していない人が上書きしてしまう」といった事態が起きてしまうのです（**図1.7**）。

完全性を保つためには、排他制御などのデータ保護のしくみや、データの世代管理、変更履歴の保存といった措置が必要です。

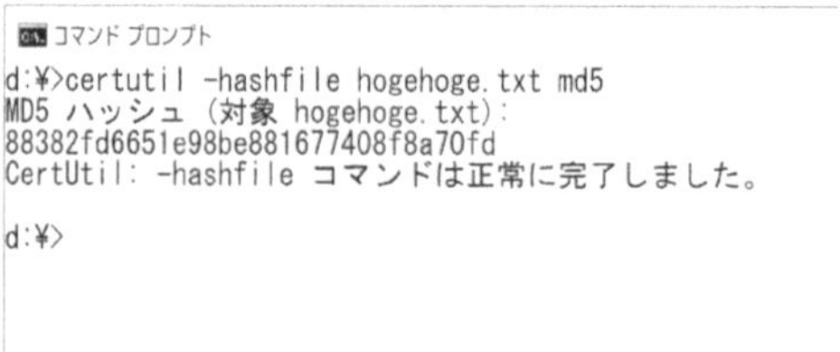

```
コマンド プロンプト
d:¥>certutil -hashfile hogehoge.txt md5
MD5 ハッシュ (対象 hogehoge.txt):
88382fd6651e98be881677408f8a70fd
CertUtil: -hashfile コマンドは正常に完了しました。

d:¥>
```

図1.5 ハッシュ関数

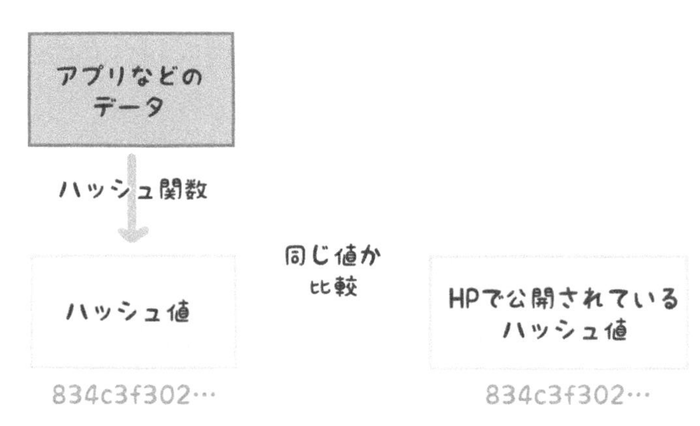

図 1.6 ハッシュ関数のしくみ

図 1.7 上書き保存と完全性

可用性

可用性とは、ある情報資産を使いたいときに、それが使えるかどうかです。すごくいいパソコンやスマホを買ってきても、いつも故障していたら持っていないのと一緒です。また、とても面白いオンラインゲームがあっても、ずっとメンテナンス中だったら遊びようがありません。存在していても、使いたいときに使えなければないのと一緒です。

それがどうセキュリティと関係があるのかと思われるかもしれませんが、セキュリティとは「経営資源を脅威から守り、安全に経営を行うための活動全般」です。これだけ、社会や会社が情報システムに依存しているなかで、コンピュータが壊れたり、システムが使えなくなったりするのは大きなセキュリティ上のリスクです。「使えなくなること」も、セキュリティを脅かすのだとしっかり理解しておきましょう。

可用性には**ファイブナイン**（99.999 %）と言って、金融や医療、交通といった、命に関わったり、多額のお金を動かしたりする重要なインフラに求められる水準があります。「使いたい」と思ったときに、99.999 %の確率で使えるということです。

口で言うのは簡単ですが、99.999 %を実現するのは並大抵ではありません。365 日 24 時間稼働するシステムだと、1 年間では 365 日×24 時間×60 分 = 525,600 分動き続けることになります。このうちの 99.999 %だと、525,594.744 分はきちんと動いている必要があるわけで、ということは止まっていてもいい時間は、1 年間のうちたった 5.256 分しかありません。

OS やアプリのアップデートを 1 回行えば、10 分や 20 分は簡単にかかってしまうことがあります。パソコンやスマホに高い可用性を求めるのは大変そうだと考えてください。

可用性を高めるための方法はいくつも考えられていますが、主なやり方として、**冗長化**があります。冗長は無駄に長いことなので、いつもの生活で「君の話は冗長だ」と言われたらしょんぼりするところですが、情報システムで「冗長」はよい意味になります（**図 1.8**）。

パソコンや通信回線が、本来 1 台ですむはずのところに、2 台、3 台とあ

図 1.8　冗長化

るので（冗長）、1台目が壊れたら2台目、2台目が壊れたら3台目と、どんどん切り替えていけば、1つ1つには故障が発生していても、全体として見ればちゃんと動いていることになります。こうしたしくみで、可用性を向上させるのです。

1.2 リスクとその3つの要素

怖いものもたくさんある

リスクとは

セキュリティを考えるときに、**リスク**は重要な概念です。基本的にはセキュリティと対になるものだと思ってください。

よく、「セキュリティを高めよう」と声をあげますが、実務を行うときに「安全にしよう」と発想することはあまりありません。難しいからです。幼稚園児に声をかける場面を想像してみてください。「幼稚園まで安全に行こうね」はかなり抽象的な指示です。大人でもなかなかわかりにくいと思います。でも、「あの道は車がびゅんびゅん走っているから、通るのはやめよう」とか、「あの角を曲がったところに吠える犬がいるよ」という指示はわかりやすいです。具体的なのです。

一般的に、安全よりも危険の方が具体的でイメージがしやすい傾向にあります。だから、セキュリティとリスクを対置させて、リスクという目にしやすいものを減らします。**図1.9**のように、セキュリティとリスクは互いにシーソーのような関係になっているので、リスクを減らすことでセ

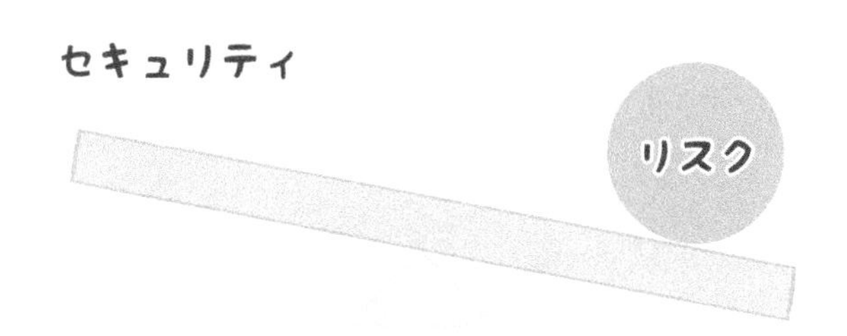

図1.9　セキュリティとリスクのバランス

キュリティが高まることになります。

ここまでお話しすると、リスク＝危険はまちがいで、リスクとは不確実性を含む概念なのでは？　と考える方もおられると思います。確かに、特に近年は、そういう考え方も浸透しています。「予想外に起こった良いこと」もリスクと捉えるのです。

しかし、セキュリティの初学の段階では、リスク＝危険と捉えて学習を進めてしまって構いません。その方がすっきりしてわかりやすいです。

また、リスクは**情報資産**、**脅威**、**脆弱性**の３つの要素から成り立っています。

情報資産

リスクの１つめの要素が、情報資産です。もう少し広く捉えて、経営資源と書くこともあります。いずれにしても、セキュリティの定義のところでも出てきた「大事なもの」です。

どうして守るべき「大事なもの」が「危険の要素」になるのか、不思議に思う方もいると思います。でも、大事なものをたくさん持っている人は、やはりそのぶん狙われやすいです。どろぼうも、お金のない人よりお金がある人を狙います（**図 1.10**）。

２ちゃんねる創設者の西村博之（ひろゆき）さんが唱えた概念に、「無敵

図 1.10　資産があるほど狙われやすい

の人」があります。職やお金や恋人など、守るべきものを持っていない人は、なくすものがないゆえに何でもできる、すなわち無敵であるという趣旨です。無敵の人は情報資産がない状態です。

情報セキュリティの取り組みの最初のステップに、「資産管理台帳の作成」があげられます。台帳はセキュリティと一見、関係がなさそうですが、自分が何を持っているかがわからないと、どれが大事なものなのか、どれを盗られたりなくしたりすると困るのかがわかりません。

私は大学に勤めていますが、大学はよくセキュリティが弱いと言われます。たくさんの人が出入りする環境であることなど、色々な要因がありますが、資産管理の悪さも原因です。大学の研究室はやたらと本が積み上がって、何がどこにあるかわからない状況になっているイメージがあります。現実の研究室もたいていそうなっていますが、それでは何がなくなっても気がつかないでしょう。

情報資産を取り扱うときに大事なのは、盲点を作らないことです。たとえば、PC やスマホ、USB メモリなど、目に見えるものはすぐに気付くことができますが、会社の信用やブランドといった目に見えないものは、リストや意識から漏れがちです。また、「個人情報」などは、顧客の個人情報は大事にしても、従業員の個人情報はうっかりする傾向にあります（**図 1.11**）。

図 1.11　目に見えないものは意識から漏れがち

脅威

脅威とは、情報資産に損害を与えたり、脅かしたりする要素です。脅威を考えるときに難しいのは、情報資産ごと、あるいは置かれた状況ごとに脅威に違いがあるということです。たとえば、お金という情報資産があるとき、どろぼうは脅威になります。どんな情報資産でもどろぼうが脅威になるのであれば、セキュリティの担当者はどろぼう対策だけを考えれば良いので、仕事がシンプルになります。

でも、実際には脅威の種類は情報資産ごとにバラバラです。オフィス据え置きのデスクトップパソコンでは、どろぼうよりもむしろ停電や故障の方が、安全な仕事を脅かす直接的な脅威になるでしょう（**図 1.12**）。

時期や場所によって、脅威が変わってくることにも注意が必要です。平日に人がたくさんいるオフィスと、週末にがらんとしたオフィスでは、脅威の種類が自ずと違ってきます。ノートパソコンも、会社や学校の中で使っているときと、街に出てカフェや空港で使っているときでは、脅威の大きさや種類が変わります。

クリスマスやバレンタインデーのようなイベント、あるいは長期休暇のときには、うきうきした気分を狙ったウイルスや、発覚が遅れることに期待した不正侵入者が現れますし、新入社員が入社する時期にはリテラシの

図 1.12　脅威はそれぞれ異なる

図 1.13　3つの脅威

低さを狙ってフィッシング詐欺などが増えます。

脅威に対応するには、存在する脅威を漏れなく認識することが大事です。その助けとして、脅威を**物理的脅威**、**技術的脅威**、**人的脅威**に分類することがあります（**図 1.13**）。

物理的脅威は、火災や地震、落雷などの自然災害や、侵入者がコンピュータを壊していくといった脅威のグループです。

技術的脅威は、コンピュータウイルスやネットワークからの不正アクセス、ソフトウェアのバグなどを含む脅威のグループです。

人的脅威は、操作ミスによってデータを消したり壊したりしてしまうことや、内部犯（会社の社員などの内部の関係者）による情報漏洩などの脅威のグループです。

脆弱性

脆弱性とは、脅威につけ込まれそうな自らの弱点のことです。「脅威につけ込まれそうなもの」なので、脅威に対応する形で脆弱性は存在します。どろぼうが脅威である状況では、「鍵をかけていない」ことが脆弱性になりますし、会社の玄関や裏口に警備員や警備システムがないことも脆弱性になるでしょう。

一方で、ネットワークからの不正侵入の試みには、鍵や警備員さんは役に立ちません。情報資産や脆弱性のすべてについて言えることですが、状況や時期によって何が脆弱性になるのかがころころ変わることや、対策のためには網羅しないといけないこと、漏れがあるとそのまま不備につながることが、セキュリティ対策を難しいものにしています（**図 1.14**）。

図 1.14　脆弱性にはそれぞれに合った対応が必要

脆弱性を考えるときには、特に時間の経過によって新たな弱点が生まれていないかに注意する必要があります。「Windows7 のセキュリティ対策はばっちり」と思っていても、会社のパソコンはいつの間にかぜんぶ Windows10 になっているかもしれません。

以前はコンピュータルームから情報を持ち出すのが大変だったかもしれなくても、今はパソコンそのものが持ち歩けるほどに小型軽量化され、USB メモリもあります。それ以前に、メールや SNS で拡散してしまうかもしれません。情報資産も脅威も脆弱性も、すべてはどんどん新しくなっていて、セキュリティ対策もそれに応じて新陳代謝させなければなりません。

脆弱性を漏れなくすべてを見つけるための方法として、細分化して分類することがあります。脅威と同じように、**物理的脆弱性**、**技術的脆弱性**、**人的脆弱性**に分けるのが一般的です。

物理的脆弱性は、耐震耐火構造の不備や入退室管理の不備などが典型的です。

技術的脆弱性は、アクセス制御をきちんとしていなかったり、アプリのセキュリティホールをそのままにしていたりすることが該当します。

人的脆弱性は、罰則規程を作っていなかったり、セキュリティ教育を行っていなかったりといった例があります。

リスクの顕在化

情報資産と脅威と脆弱性がリスクの要素であることがわかりました。要素であるということは、なくしていけばリスクを小さくできるはずです。全部をなくしてしまえば良いのでしょうか？　理屈の上では、すべてをなくしてしまえばリスクを0にできるはずですが、たとえば情報資産（大事なもの）をなくしてしまったら、仕事を続けることが困難になりそうです。

過去の経験から、3つあるリスクの要素のうち、1つでも除去すればリスクをかなり低減できることがわかっています。逆に3つのリスク要素すべてが揃っている状態のことを、「リスクが顕在化している」といい、とても危険です（**図1.15**）。

セキュリティ対策では、リスクを顕在化させないことが重要です。したがって、対策をしよう、リスクを減らそうとするときは、副作用とのバランスを考えて、まずリスク3要素のうちの1つを除去することを考えます。

そのとき、情報資産をなくすのは難しいでしょう。「お金を全部寄付すれば、盗られるものがなくなる」のはその通りですが、会社の経営に支障を来たします。脅威をなくすのも困難です。「どろぼうのいない世の中」や「火事のない社会」は理想的ですが、他者のふるまいや自然環境に依存する部分も多く、自分がそう決めたからといって、そうそうなくなるもの

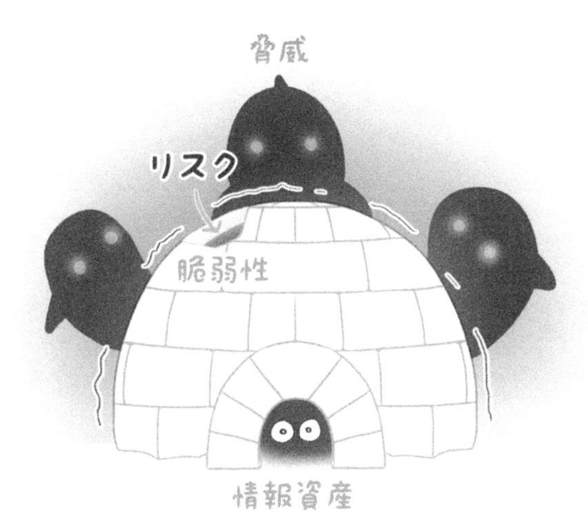

図1.15　リスクの顕在化

図 1.16　情報資産と脅威はなかなか減らせない

ではありません。

したがって、セキュリティ対策としてリスクを減らすときには、脆弱性を減らしていくのが王道です。「鍵のかけ忘れという脆弱性をなくした」、「消火器の設置し忘れという脆弱性をなくした」は、すべて自分の弱点に関わってきますので、自分の努力によって実現することが可能です。極端な言い方をすれば、セキュリティ対策とは脆弱性をなくしていくことです（**図 1.16**）。

もちろん、他の要素も減らせるのであれば、減らします。たとえば、個人情報の漏洩が大きなリスクになっているのであれば、仕事に関係ない、いらない個人情報は消してしまうのが良いでしょう。

1.3 リスクマネジメント

4つのリスクの対策方法

セキュリティマネジメントシステム

多くの仕事と同じように、リスクに対応する（＝セキュリティ対策をする）ことも、**マネジメントシステム**を作って臨むことが多くなりました。リスクをコントロールするためにはどうしたらいいのか、明文化した文書

図 1.17　セキュリティ組織とPDCAサイクル

を作り、その文書で定めたことを実行する組織を作り、動かします。この活動が有形無実になったり、時代遅れになったりしないように、**PDCAサイクル**を回します（**図 1.17**）。

PDCA サイクルはさまざまな分野で使われていますが、**Plan**（**計画**）**→ Do**（**実行**）**→ Check**（**検証**）**→ Action**（**是正**）を繰り返すことで、セキュリティを維持したり、もっと良くする効果があります。

特に見直しと改善の部分は大事です。たいていの人や組織は、セキュリティのしくみを作ったところで安心してしまうのですが、そのしくみや決めごとはすぐに時代遅れになります。30 年前に作った「取引先からもらったFAX はシュレッダにかける」というルールをじっと守っている企業はざらにありますが、もう FAX でデータをもらうこともないと思います。ルールは実情に合わせて常に変えていかなければなりません。

リスクのアセスメントと受容水準

具体的にはどんなことをしていくのでしょうか。**リスクアセスメント**には、**リスク特定→リスク分析→リスク評価**という流れがあります。

最初にするのはリスク特定です。これは自分を取り巻く環境にどのようなリスクがあるのかを発見し、書き出していく仕事です。これまでにも見てきたように、どんな情報資産、脅威、脆弱性があるのかを、網羅していきます。網羅のし忘れがないように、物理的脅威、技術的脅威に分類しようとか、曜日や時間帯、場所によって存在する脆弱性が変化するとか、記憶にとどめていただいていると思います。

リスク特定によって、リスクの発見ができたら、次に行うのはリスク分析です。ここで行うのは、そのリスクがどのくらいの大きさを見積もることです。当然ですが、個々のリスクの大きさは同じではありません。一度起こってしまったら大損害になるリスクや、たいしたことはないけれどたくさん起こりそうなリスク、今すぐに起こりそうなリスクなどさまざまです。

一般的にリスク分析は、個々のリスクに対して発生頻度と影響度で大きさを測ります。たとえば、よく起こるリスクの影響度が大きければ、とんでもなく大きなリスクになりますし、ほとんど起こらず、影響度も小さなリスクであれば、小さなリスクになるでしょう。

リスク分析によってリスクの大きさがわかると、次に待っているのがリスク評価のプロセスです。ここで重要なのは**受容水準**という考え方です。

リスクをどのくらい受け入れられるかは、組織ごと、業界ごとに異なります。信用商売なので、小さなリスクも受け入れられないとか、競争の激しい業界なのでリスクを取らなければセキュリティ対策以前に倒産してしまうとか、各社の事情があり一律には決められません。

セキュリティ対策をする際の経営層の重要な仕事が、自社ではどのくらいまでのリスクを受け入れるか（＝受容水準）を決めることです（**図1.18**）。受容水準を決めたなら、後はリスク分析によって明らかになったリスクのうち、受容水準を超えてしまっているものはどれなのか検討します。このようなプロセスがリスク評価です。

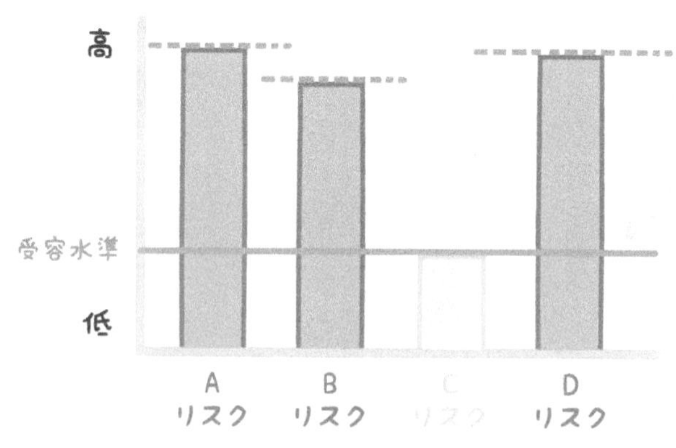

図1.18　リスクの受容水準

リスク対応―リスク保有、リスク移転、リスク低減、リスク回避

受容水準を超えてしまっているリスクを、なんとか受容水準内に収まるように手を打つのが、**リスク対応**です。リスクを減らす方策は無数にありますが、グループ分けすると4つに分類することが可能です。

●リスク保有

リスク保有とは、リスクをそのまま持ち続ける対応策です。そのままにしておくとは何事かと思いますが、たとえば1千円で買ってきた自転車があったとして、対策用の電子錠が1万円だとしたら、仮に自転車を盗まれても買い直した方が安いことになります（**図1.19**）。

このように、あえてリスクを持ち続けるのが、リスク保有です。もちろん、何かあったときの被害額は自分で負担することになります。また、リスクの存在に気付かずにリスクを放置するのは、リスク保有ではありません。あくまでも、リスクを識別していて、「何もしない方が得策」との判断が存在していることが前提です。

●リスク移転

リスク移転とは、リスクを別の誰かに肩代わりしてもらう対応策です。ガラス窓を割ってしまったけれど、自分で謝りに行くと怒られるのが確実なので、友だちを代わりに行かせるような方法です。

もちろん、そうそうリスクを肩代わりしてくれるような会社や人はいま

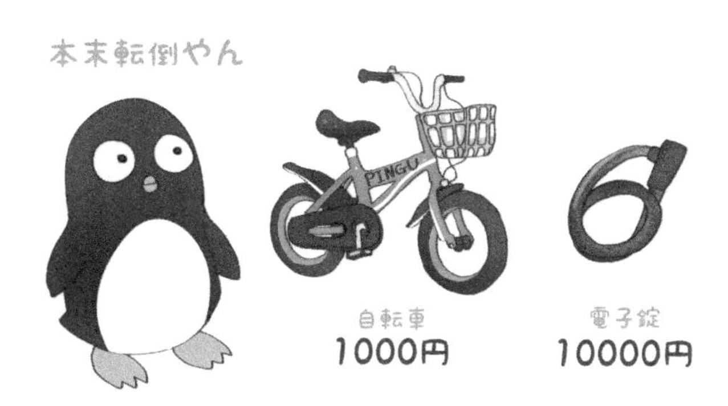

図1.19　リスク保有

図1.20　リスク移転

せん。ですので、ビジネスではお金を払って肩代わりしてもらいます。典型的な例が保険で、私たちは少しずつ保険料を支払い続けることで、何かあったときに大金を保険会社に肩代わりしてもらいます（**図1.20**）。

●リスク低減

リスク低減とは、何らかの工夫によって、リスクを小さくしようとする対応策です。典型例はバックアップで、データが消えてしまうリスクを、他のコンピュータや補助記憶装置にデータをコピーしておくことで、小さくしています。ふだん使っているコンピュータが壊れたり、誤ってデータを消したりしてしまっても、コピーは残っているので使い続けることができます（**図1.21**）。

汎用性が高く実施しやすい対策なので、世の中で言われている「セキュリティ対策」の多くは、リスク低減に分類されるものです。

●リスク回避

リスク回避とは、リスクの原因を除去してしまう対応策です。原因を取り去ってしまうので抜本的な対策になりますが、副作用も大きなものになります。たとえば、会社がつぶれるリスクはとても受け入れられないので、先手を打って会社をたたんでしまう、といったやり方です。

確かにそうすれば会社をつぶさなくてすみますが、経営を続けていれば得られたかもしれない利益は諦めなければなりません。上手くはまれば絶

図 1.21　リスク低減

図 1.22　リスク回避

大な効果を発揮しますが、使いどころが難しい方法です（**図 1.22**）。

ここまでに説明した4つの対応策をどんな場面で使えばいいかは、発生頻度と被害額からおおよそ導くことができます。もちろん例外はあるので、実際に使うときには注意が必要です（**図 1.23**）。

図1.23　4つのリスク対応策

1.4 セキュリティの歴史

今も昔もセキュリティ対策は入鉄砲と出女

戦争や治水とセキュリティ

いまセキュリティと言えば、どうしても情報セキュリティやサイバー犯罪と絡めて考えてしまい、最近になって登場した事柄と考えてしまいますが、人間の歴史はセキュリティの歴史と言えます。

セキュリティの定義は、「大事なものを、それを脅かすものから守り、安心・安全に暮らすためのあれやこれや」でした。安心・安全な暮らしは、人の根源的な欲求ですから、そもそも人が生きていること自体、セキュリティと切っても切れない関係にあります。

歴史上に存在した政権があまねく重要視した治水は、水という絶対的に必要な資源を確保し、また洪水から身を守るためのセキュリティ施策です。戦争ともなれば、セキュリティ施策がフル回転します。指揮官はあらゆる情報に触れることができますが、下級兵士には断片的な情報しか知らされません。局所情報しかなくても兵士は戦うことができますし、捕虜になったときに敵に余計なことが伝わりません。現代で言う、**最小権限の原則**です（**図1.24**）。

また、戦闘行動の指示は、敵に対して絶対に秘匿しなければなりません。

治水から戦闘行動の指示まであらゆるところで
セキュリティ施策が必要

図1.24　セキュリティ施策はどこにでも

ばれれば奇襲を許し、極端に不利な状況で戦端が開かれることになるでしょう。そのため、戦闘の指示には古代から**暗号通信**が使われていました。

「来た、見た、勝った」や「ブルータス、お前もか」でお馴染みの、ローマのカエサル（シーザー）には、世界で初めて暗号を運用したという俗説があります（実際には、もっと古くから暗号が使われていたと考えられています）。

シーザー暗号は**換字式**と呼ばれる、文字を別の文字に置き換えるタイプの暗号です。作りはとてもシンプルで、DをA、EをB、FをCのようにアルファベット順に3文字分ずらして作ります。たとえばTHEがもとの文（**平文**といいます）だったとしたら、QEBという暗号文が得られます。

THE　→　QEB

いまの知識で検討すれば、しくみがわかっていなくても解読できてしまうほどの簡単な暗号ですが、セキュリティに対する切実な需要があって、知恵を絞って有効な施策を考えていたことがわかります。

築城とセキュリティ

優雅に見えるお城も、重要なセキュリティ要素の1つです。城壁があることによって、端的に敵性勢力の侵入を防いでいますし、豪華な築城によって権勢や資金力を見せつけることで、敵に対して攻撃の自粛を促す効果もあります（**図1.25**）。

驚くべきことに、現代でも基本的な考え方は変わっていません。それがどろぼう対策でも、ネットワークからの不正侵入対策でも、最初にやることは**ペリメータライン**（境界線）を引いて、外側と内側を分ける作業です（**図1.26**）。外側は怖いことがいっぱいあるけれど、境界線の内側は安全にします。そのためには、境界線のところで出入りする人やもののチェックを行うのです。

昔のお城を見てみても、城下町を城壁の中に囲い込む西洋型と、城壁の外に城下町が発達している日本型で違いはあるものの、この考えに沿って作られていることがわかります。「鬼は外、福は内」と言えば、わかりやす

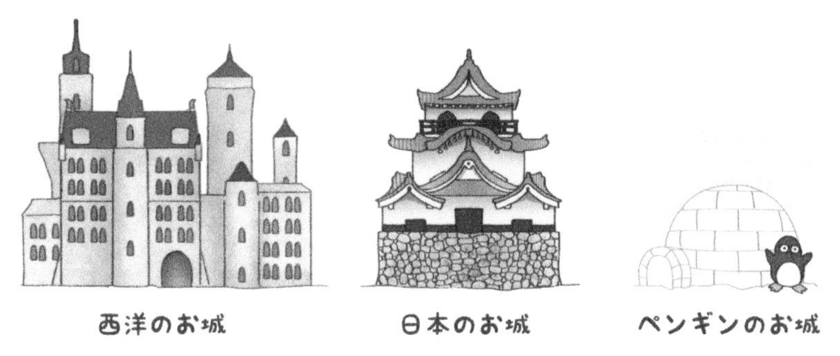

図1.25　お城も重要なセキュリティ要素

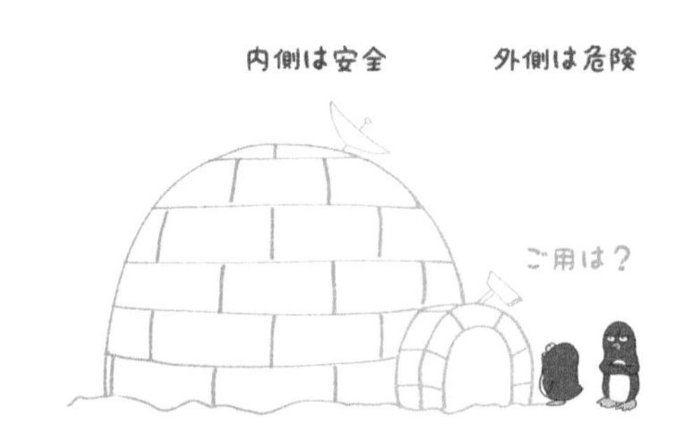

図1.26　大事なのは出入口

いでしょうか。

城壁には城門があり、衛兵などが厳しい監視の目を投げかけています。厳重な検査をくぐり抜けた者だけが城内に入れるわけです。学校で習う、「入鉄砲と出女」がまさにそれです。鉄砲が境界線の内側に入ってきては困りますし、出女の方は、機密情報が外側へ出て行かないようにするチェックのことを指しています。

境界線型のセキュリティ対策はとてもわかりやすいですが、一方で「内側に悪い人が紛れ込んだときにひどい目にあう」ことが長い歴史の中で何回もありました。人やものの出入りを100％コントロールすることは不可能ですし、最初は善良だった内側の人が悪い人になることもあります。色々な対案が考えられていますが、人類はまだ境界線型以外の有効なセキュリティ対策を確立できていないと言えます。

セキュリティポイントの多数化

インターネットが世界を席巻し、高度情報化社会と言われるようになっても、セキュリティを取り巻く状況の本質的な部分は、そんなに変わっているわけではありません。相変わらず境界線を作って、外側と内側の出入り部分を監視しています。

違うところがあるとしたら、境界線が目に見えないことと、お城とも言うべき守る箇所が増えていることです。

古典的な城郭はどこからどう見てもセキュリティの境界線が明確でした。お堀や城壁が建っていれば、そこが境界線です。部外者は内側に入れません。オフィスビルなども境界線がわかります。敷地や建屋が境界線になっていて、玄関には警備員さんがいて部外者が中に入らないように四六時中見ています。

インターネットの境界線は一見するとよくわかりませんが、境界線を作るためのしかけとしてネットワークを分割したり、出入り口にあたる部分にファイアウォールと呼ばれる関所を作ったりと、考え方は古いのですが、それが人の目には見えないところで行われています（**図1.27**）。

これが情報システムやインターネットの守りを難しくしています。目に見えない「大事なもの」や「悪い人」、「自分の弱点」はとてもわかりにくく、これがふつうの建築物の警備などに比べて、情報システムやインター

図 1.27　現実とインターネットの境界線

図 1.28　現代のセキュリティ

ネットでは事故が多いと感じられることの原因になっています。

また、以前は守るべき大事なものの範囲は、会社や家でした。しかし現在では、生産活動や消費活動の舞台が個人にシフトしています。SNSなどを使えば個人でも世界に対して発信ができるので、たとえばそれに対してセキュリティ対策を考えようとすると、境界線は個人の周囲に引かなければなりません。一国一城の主という言葉がありますが、現在は無数の「私の城」が世界に遍在しているのです（**図 1.28**）。

数が多ければどこかに手薄な箇所や陥落する箇所が出てくるのは自然で、万全の対策をすることはますます困難になってきています。

ゼロトラスト

ゼロトラストネットワーク、ゼロトラストセキュリティといった用語が一般的になってきました。**ゼロトラスト**（まったく信頼できない）とは、ネットワークの中に信頼できる場所はないと考える方法です。

古典的なセキュリティモデルは、すでに学んだ境界線型です。自社のまわりに境界線を引いて、その外側は危険、内側は安全と仮定してシステムやネットワークを組んでいきます。この方法には構造的な欠陥がありました。「内側は安全」と言い切れるような組織はないのです。境界線を超えて脅威が侵入してくるかもしれませんし、信頼できると思っていた内部の要員や機器が裏切ったり誤作動したりするかもしれません。

また、情報システムやネットワークの劇的な進歩も、状況を複雑にしています。社外に多くのリソースを依存するクラウド型のシステムが主流になったり、遠隔勤務や在宅勤務によって、社外のパソコンやスマホから社内へアクセスして仕事をすることも増えました。

仮に従来通りの境界線モデルで会社や学校を守ろうとしても、境界線が流動的だったり、極めて複雑になったりしているのです。これがセキュリティの管理をとても難しくしています。

そこで、信頼できる場所などどこにもない、と先に仮定してしまうのです。境界線の内側の人やコンピュータは安全とは考えません。内部ネットワークだから認証せずにパソコンをつなげるとか、社内だから社員は顔パスといったことをやめてしまいます。表現の仕方を変えれば、外と内の境界線を、パソコンやスマホ、個人の周囲まで最小化したと考えることもできます。

現代の情報機器は個人に紐付く度合いが増しているので、頻繁に移動しますし、異なる機器であっても同じアカウントで使うのであれば、同じセキュリティポリシーを適用すべきかもしれません。境界線モデルに比べると、現状に即した考え方であるといえるでしょう。

一方で、境界線を守ることに主眼をおいたモデルに比べると、セキュリティポリシーが非常に複雑かつ動的になる恐れがあります。管理と運用の手間は、よほど工夫しないと大きく増大することになるでしょう。

そのため、今後すべての情報システムやネットワークがゼロトラストに移行するというよりは、境界線モデルと共存させたり、複数の境界線を引く多層防御の一部として実装されると考えられます。

1.5 IoT 時代のセキュリティ

すべてがいつでもつながる時代

365 日 24 時間稼働時代のセキュリティ

いまは**IoT**の時代と言われています。IoT はよく「モノのインターネット」と訳されますが、あらゆる機器をインターネットにつなごうとする考え方です。センサー類で人の活動を捉え、それをもとに心地よいサービスを提供するのはもちろん、今までネットにつながるとは考えられていなかったような既存資産、たとえばテレビやエアコン、冷蔵庫、炊飯器、コピー機、FAX、風呂釜、水道、健康機器などがインターネットに接続されるようになりました。

外出先からエアコンやお風呂の予約ができるのはとても便利ですが、利便性と安全性はたいていトレードオフの関係、つまりあちらをよくするとこちらがダメになるシーソーのような関係になっています。

エアコン 1 つとっても、インターネットに接続すれば、乗っ取りのリスクがあります。エアコンが乗っ取られてもたいしたことがないと思うかもしれませんが、大量のエアコンの設定温度を少し下げれば、全体では莫大な電力消費増になって停電を引き起こせるかもしれません。電力テロです。おうちの人にしてみれば、ちょっと設定温度が下がっただけなので、気付かれる心配も小さいです（**図 1.29**）。

また、IoT で新たにインターネット接続される機器は、（今のところ）セキュリティ対策に甘さがあります。生活の質を良くするとして期待されているセンサー類は、最低限の性能しかもたないので、セキュリティの機能に多くを割けません。コピー機や風呂釜はそもそもセキュリティ対策が必要な機器としては考えられてきませんでした。

しかも、世界的なコスト圧縮圧力や効率化の浸透で、これらの機器に統一プラットフォームが採用されています。エアコンや炊飯器にはコンピュータが内蔵されていますが、その OS はこれまで独自に作られてきま

図 1.29 IoTの危険性

した。少ないメモリやプアなCPUで動かすには独自の工夫が必要だからです。でも、Androidなどの低容量でも使いやすい汎用OSが登場したことで、こうした機器にも汎用OSが使われるようになりました。その方がずっと開発コストを小さくできます。

一方で、こうした措置は攻撃者にもメリットをもたらします。独自に作られたエアコンのシステムや電子レンジのシステムを攻撃していくのは手間がかかりました。攻撃者にとってはコストパフォーマンスがよくありません。でも、多くの製品が同じ汎用OSで動いているのであれば、その汎用OSを攻撃することによって、たくさんの家電を攻撃したり支配下に置いたりすることができるようになります。攻撃対象としての魅力が上がったのです（**図 1.30**）。私たちはこうした製品が身の回りを埋め尽くし、四六時中稼働している時代に生きています。

リテラシが低い利用者が多いなかでのセキュリティ

セキュリティ対策を考える場合に、「守るべき対象」に含まれる人たちの基本能力の多寡はとても重要です。

よく、「最も有効なセキュリティ対策は、セキュリティ教育」と言われます。組織を構成する人たち１人１人が高いセキュリティの知識を持っていれば、自ずとその組織のセキュリティ水準が高くなります。

いまインターネットでの情報セキュリティを取り巻く状況では、逆のことが起きているので心配されています。スマホの世界的な普及です。

図 1.30　共通OSを利用した脅威

個人が使える情報機器では、パソコンの方がずっと古くに登場しました。そのため、Windowsなどの進歩により使いやすくなったといっても、いまだにそれなりに人を選ぶ機器であることは間違いありません。使い始める段階でも、相応の知識を要求されます。パソコンの利用者も、そういうものだと思って、それなりの覚悟で使い始めます。

しかし、スマホの利用者はそうではありません。スマホは実態としては小型のパソコンですが、電話の延長線上の機器として捉えられていて、家電を扱うような感覚で使われています。家電を使うのに、利用者としての覚悟を持って、長時間の勉強も辞さずに使い始める人はまずいません。スマホのメーカーもそれをわかっていますから、難しさを隠蔽する方向で設計し、知識がなくても使えることをアピールします（**図 1.31**）。

それは利用者を増やす意味では大成功しましたが、**リテラシ**が低い利用者を大量に生み出すデメリットももたらしました。根本部分をあまり知らずに使っている利用者は、潜在的なリスクです。いまはそういう利用者が世界中にたくさん存在するのです。これもまた、セキュリティ対策を難しくしている要因です。

ちょっと前までは、高度な技術を使うには、長い学習時間がかかるのが当たり前でした。その学習時間の中には、セキュリティや倫理についての考えを醸成する時間も含まれていて、剣の道を究めた人は無駄な殺生はしないとか、そういう戒律につながっていました。

でも、いまは小学生のYouTuberが世界に情報を発信する時代です。放

図 1.31　スマホはパソコンの延長線

送局級の力を子どもが手にすることが可能になっています。小学生の子に、「放送人としての倫理が……」などと説くのは酷でしょう。

こうした問題をどう扱っていくのかも、現在のセキュリティが抱えている課題の１つです。

第2章

つながると、便利であぶない

ネットワークの基礎

セキュリティの範囲はとても広いといいつつ、現状ではネットワーク上での安全確保を重視せざるを得ません。そのためには、ネットワークの技術や運用について理解しておくことが大事です。プロトコルやアドレスといったネットワークの根幹を形作る要素について学びましょう。IP アドレスのしくみ、DNS との関係はぜひ知っておきたいところです。また、近年急速な普及を見せた無線 LAN についても見ていきましょう。

2.1 ネットワーク
コンピュータは電気や光で相手に伝える

電気通信

コンピュータの**ネットワーク**を考えるとき、それが電気通信で成り立っているという事実をおさえておくことは重要です。コンピュータとコンピュータをつなぐ線を**LAN ケーブル**と呼んだり、**イーサネットケーブル**と呼んだりしますが、要するに電線です。私たちは、電線に電気を流して相手に情報を伝えています。この事実が理解できると、コンピュータを使った通信が盗聴に弱いと言われる理由が納得できると思います。

たとえば、2台のコンピュータ間や2つの拠点間を占有して結ぶ、**専用線**と呼ばれるような回線はよいのです。このケーブルに電流を流しても、通信の秘密は保たれます。でも、専用線は二者間を直接結ぶため、コストがかかります。そのため、今はインターネットのようにみんなでシェアして使う**共有回線**が主流です（**図 2.1**）。

すると、当然のことですが、電流は電線がつながっているところは、どこまでも流れていこうとします。図に描かれているように、本来送るはずでなかった相手にまでメールやメッセージ、Web ページの内容が届いて

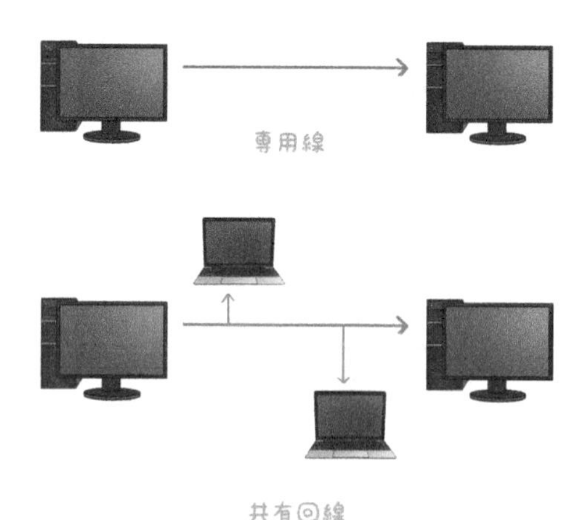

図 2.1　専用線と共有回線

いるかもしれません。

もちろん、メッセージの内容にはあて先も含まれていて、あて先と異なるコンピュータに届いた場合は紳士的に破棄する決まりになっています。でも、本当に相手がそうしてくれているかどうかは送った側にはわかりません。セキュリティのことを考えるとき、電気通信にはこうした特性があると考えてください。

今ではもっと効率的で安全なしくみがありますし、基幹回線部分は光ファイバーに置き換わって、別の通信特性のもとで動いています。しかし、電気通信のこの原理のことはぜひ理解しておきましょう。

ネットワーク

ネットワークの定義はなかなか難しいのですが、ここでは「全員あてだよ！」と送信した電流が届く範囲と考えてください。図 2.1 のパソコンが送信したメッセージ（電流）は、ケーブルがつながっているかぎり、どこまでも流れていこうとします。理屈の上では世界の果てまで届けることもできるでしょう。でも、実際にはそんなことはしません。なぜでしょう？

ネットワークの範囲を広げて、大きくしていくと、複数のパソコンが同時に通信を始める機会が増えてしまうのです。左のパソコンからも右のパソコンからも電流が出てくると、衝突して通信内容が壊れてしまいます。そんなとき、パソコンは再度同じ通信内容を送り直すことで対処しているのですが、大きなネットワークでは衝突ばかりになって（**輻輳**（ふくそう）といいます）、なかなか相手にメッセージが届かなかったり、通信そのものが不能になったりします。

そんな事態を避けるために、ネットワークを分けるのです。分ける単位としては、部屋や建屋が用いられるのがふつうです。

すると、ネットワークの混雑を避けることができます。**図 2.2** では左の部屋で頻繁に通信が行われていても、右の部屋には影響がありません。ネットワークが分かれているからです。しかし、左の部屋から右の部屋にメールを送ろうとしても、ケーブルがつながっていないため届きません。これでは不便です。

そこで、**ルータ**を使ってネットワーク同士を結びます。ルータはよく中継器と訳されますが、必要な通信だけを通過させるように作られた通信機

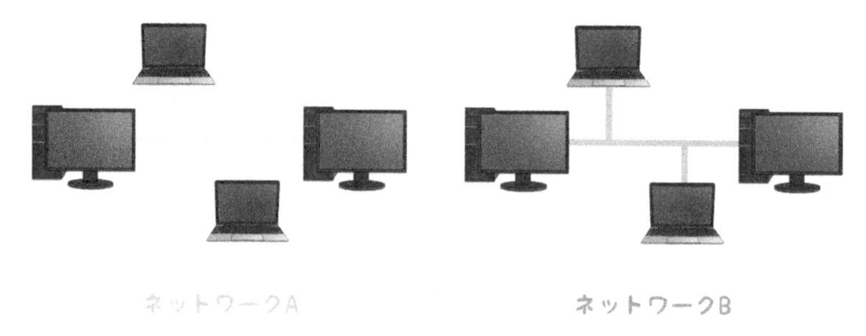

図2.2　分割されたネットワーク

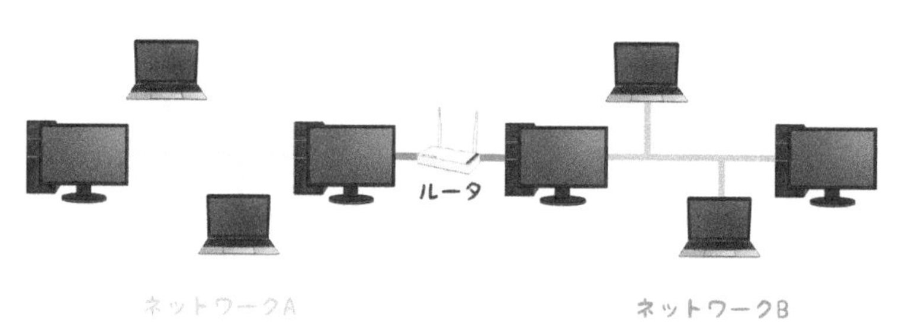

図2.3　ルータでネットワークをつなぐと

器です。ただケーブルをつないだだけだと、たとえばネットワークＡで発生したすべての通信がネットワークＢにも届いてしまいますが、ルータが間に挟まると、メッセージのあて先を見て、必要のない通信は自分のところで止めてしまいます（**図 2.3**）。

また、ネットワークＡ内のパソコンから送信されて、あて先もネットワークＡの中にあるパソコンであれば、ルータはその通信をネットワークＢ側に通過させる必要はありません。こうすることで、無駄な通信のやり取りを減らし、ネットワーク内を空いた状態にとどめるのです。

このとき、ネットワークＡとネットワークＢを結んでいる部分は、ネット（net）とネットの間（inter）なので、**インターネット**（inter-net）と呼ばれます。あのインターネットの語源です。

いまインターネットと言えば、世界中を結ぶネットワークのことですが、もともとはネットワークとネットワークの間の部分のことでした。世界中に散在するネットワークを結んでいったら、全部がつながってしまったのがいまのインターネットなのです。区別する場合は、世界中を結んでいるアレのことはThe Internet、ネットとネットの間のことはinter-netと書いたりします。

2.2 プロトコル
コンピュータ屋さんは難しい言葉が好き

プロトコルとは

プロトコル（protocol）という言葉を辞書で調べてみましょう。「外交儀礼」などと訳が出てくるはずです。ふだん、そうそう使う言葉ではありません。入試の英語で出題があったとしたら、けっこう難しい大学だと思います。

ところが、情報通信の分野ではプロトコルが頻繁に登場します。しかし、難しく考える必要はありません。通信のルールくらいに捉えておけば十分です。国家元首がやってきたら祝砲は21発撃つとか、フランス料理の正餐は皿数が9枚だとかも、ルールといえばルールです（**図2.4**）。

通信の世界では、ルールがとても重要です。通信（コミュニケーショ

図2.4 いろいろなプロトコル

ン）というのは、送信者が何かを伝えようとして、受信者がそれを受け取って正しく理解することで、初めて成立するものだからです。

もちろん独り言（ループバック通信といいます）というのもありますが、基本的には通信は1対1、1対多、多対1、多対多で行うもので、相手が必要です。すると、自分と相手の間には「こういうふうにコミュニケーションしよう」という相互理解が求められます。Aさんが英語で話しかけているのに、Bさんが日本語しか理解できないとしたら、その通信は成立しません。準拠するルールが異なってしまっているからです。

私たちはふだんプロトコルを確認してから会話を始めないので、ちょっとピンとこないかもしれません。それは人間の地頭がよいからです。いちいち、「ここでは声の大きさはこれくらいにしよう」とか、「名前を呼んだ方がいいかな？　いや、人も少ないし目を見るだけで、誰に話しかけているかわかってもらえるはずだ」などと、事前に取り決めて話し始めなくてもアドリブで対処できてしまいます。

でも、コンピュータには思考力がありませんし、とても石頭で融通が利かないので、すべてを事前に明文化しておく必要があります。その「ルール集」がプロトコルなのだと思ってください。

電話をかけるなら、どうやってかけるのか。出てくれなかったら、何回のコールで切るのか。諦めるのか、かけ直すのか。かけ直すとして、何分待ってからかけ直すのか。これらはすべてプロトコルです。

実は私たちも、プロトコルを明文化していた時期がありました。

幼稚園の教室を思い出してみてください。「相手の目を見て話しましょう」とか、「大きな声で挨拶しましょう」とか書いてあったはずです。これは通信プロトコルです。幼稚園の子はまだ経験値が足りないので、明文化して教えてあげる必要があるのですね。

プロトコルは情報通信に限ったものでもありません。「のろしが上がったら、敵が攻めてきた合図だぞ」というのも、プロトコルです。これがしっかり決まっていないと、のろしは単に山火事に見えてしまうでしょうし、手旗通信などはどう考えても不審者です（**図2.5**）。

コンピュータを使った情報通信のルールは、微に入り細を穿ち定められています。応用力のないコンピュータが通信をするためには、とんでもない量のルールが必要だということと、ルールが増えれば増えるほど「この

図2.5　お約束を守らないと通じない

ルールの隙間を突けば、悪いことができるのでは？」という隙が生まれやすくなることを覚えておいてください。

階層化されるプロトコル

プロトコルの作り方は、大きなルールを1つでんと作ってしまうか、小さなルールをたくさん作るかに大別できます。それぞれ一長一短があって、どちらがいいというものではありません。ただし、特徴はあります。

大きなルールは、それ自体が1つの通信システムを規程でき、安定したルールになります。身近なところでは、電話はこれに近い考え方で作られています。だから電話を使っていて、「ちょっと友だちの電話のメーカーと相性が悪いから、通話が途切れがちだ」という目には遭いません。

一方で、全体をがっちりと作ってしまうので、ルールの変更は大変です。ちょこっと書き換えようと思っただけなのに、あちらにもこちらにも影響が出るので、あまり作り替えようという気が起きなくなります。電話の歴史は長いですが、声だけでなく、食事も送れるようになったぞ！　とは進化していません。

ルールを小さくすると、作るのが簡単です。他のルールのことも気にせず好きに作れます。たくさんの人が色々なルールを作っているので、「今度の新しい通信システムでは、これとこれとこれのプロトコルを組み合わせよう。ちょこっと足りない部分があるから、そこだけは自分で作るかな」といったことが可能です。インターネットはこの考え方で作られているので、進化がとても速いです（**図2.6**）。

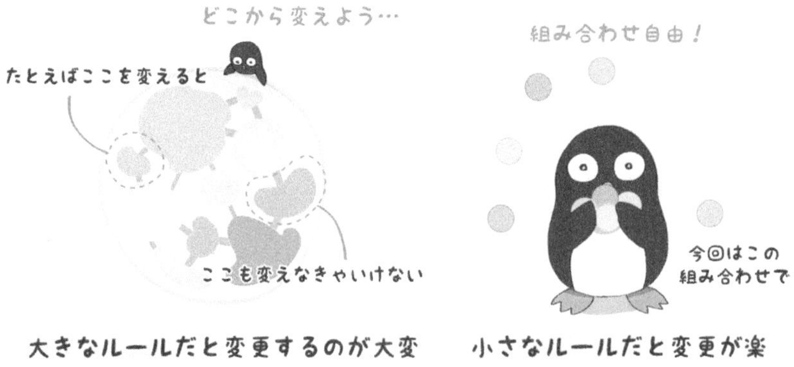

どこから変えよう…
たとえばここを変えると
ここも変えなきゃいけない
大きなルールだと変更するのが大変
組み合わせ自由！
今回はこの
組み合わせで
小さなルールだと変更が楽

図2.6　ルールの作り方の一長一短

糸電話プロトコル
言語は日本語を使う
話者の切り替えタイミング
音声を流す
糸でつなぐ

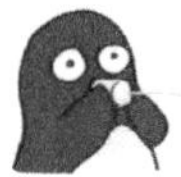

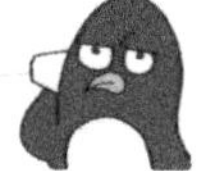

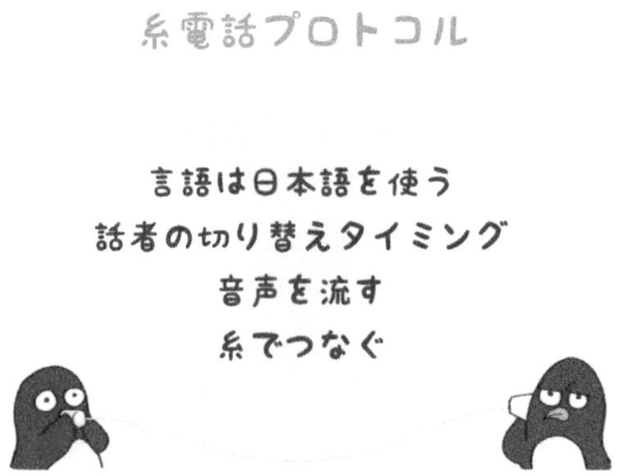

図2.7　階層化されたルール

ただし、それぞれに独立したルールを組み合わせて全体を作り上げるので、ルールとルールの相性が悪いこともあります。その通信システム専用に全体が作り込まれた一体型のルールに比べると、安定性は悪くなります。このように、ルールの作り方１つで、その通信システムの特性が決まってしまうことすらあるのです。

小さなルールを組み合わせて全体を作る場合は、さらにルールの階層についても考える必要があります。たとえば、糸電話という素敵な通信システムでは、伝送路として糸を使う、糸には音声を流す、話す役と聞く役の切り替えのタイミングを決める、日本語で話す、といったプロトコルがあります（**図 2.7**）。

これらのルールは対等の関係にはなっていません。糸でつなぐと決めたからこそ、音声を流すというルールを定めることができます。もし光ファイバーを使っていたら、ここは別の伝送方法を考えなければならないところです。

このように、より基本のルールと、基本のルールが決まった上で初めて定めることができる応用的なルールの関係ができてきます。より基本のルールを「下位に位置している」、応用のルールを「上位に位置している」と階層的な見方で捉えることがあります。

OSI 基本参照モデル

ルールを階層化するのはよいアイデアですが、あるメーカーは基本から応用まで100個のルールで製品を作っていて、別のメーカーは基本から応用までで5つのルールでまかなっているとしたら、「分けている」といってもルールの大きさはずいぶん違いそうです。そのメーカーの製品同士を接続するときにも苦労することでしょう。

そこで、「だいたいこのくらいの階層にするといい」という切り方が、色々考えられています。最も有名で影響力が強いのが**OSI 基本参照モデル**で、**国際標準化機構**（**ISO**）によって定められました。あくまでも「分け方」であって、具体的なプロトコルではないことに注意してください。

下は物理層から、上はアプリケーション層まで、7つの階層に分けられています（**図 2.8**）。下に行くほど基本というのは、ここでも変わりません。**物理層**とは、まさに物理的にコンピュータとコンピュータを結ぶためのプロトコルを作る部分です。具体的にはRJ-45などといった、ケーブルの差し込み口の形に関する取り決めなどがあります。

データリンク層はネットワーク内（先ほどの言い方をすれば、部屋の中）での通信ルールを決めるところで、具体例は**イーサネット**です。ネットワーク層はネットワーク間（言い方を変えれば、部屋と部屋の間）での通信ルールを決める階層で、具体例はあの有名なインターネットです。そう、インターネットはもともとプロトコルの名前なのです。他にもネットワーク層に位置するプロトコルはたくさんありますが、今はほとんどの人がインターネット・プロトコルを使ってネットワーク間の通信を行っています。

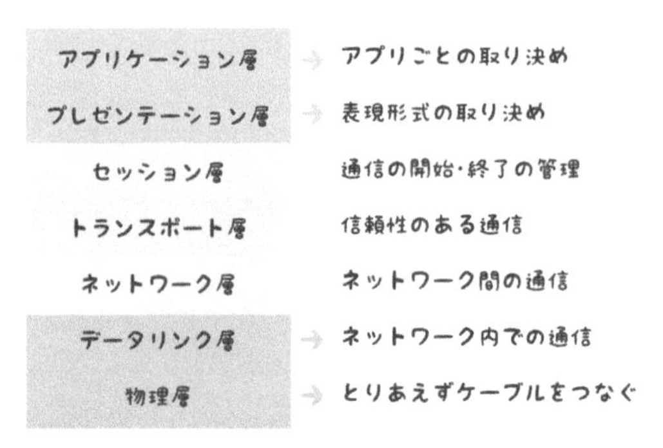

図2.8 OSI基本参照モデル

トランスポート層で通信がきちんと届いたかどうかや、どのアプリに届けるのかといったプロトコルを決め、**セッション層**では通信の開始や終了に関する取り決めを作ります。**プレゼンテーション層**くらいになってくると、ちょっと私たちにも身近なものになってきます。データの表現形式に関するプロトコルを定める階層で、たとえば写真に使うjpegや音声に使うmp3はここで取り決められたデータ形式に関するルールです。

最も上層に位置する**アプリケーション層**は、まさにアプリごとの取り決めになります。ここでは**SMTP**（メールの送信ルール）や**POP3**（メールの受信ルール）、**HTTP**（Webページの送信ルール）などのプロトコルが定められています。

私たちがふだん「インターネットを使っている」といい、さまざまなアプリを駆使して作業するとき、これらのルールが組み合わさり、お互いに協調しながら働き、通信を行っています。

2.3 IPアドレス

インターネットでの正式な住所

IPアドレス

IPとはインターネット・プロトコルのことです。先ほども出てきた、ネットワーク層に属する、ネットワークとネットワークを結ぶための通信を規定するプロトコルです。いわゆるインターネット（The Internet）にはこのルールがあり、たくさんの通信機器が準拠しているから、世界中のみんなをつなぐことができるのです。

この本はセキュリティを学ぶ本ですから、IPについて詳細に説明することはしませんが、さまざまなことを取り決めているインターネット・プロトコルの中でも最重要項目の1つである**IPアドレス**については見ておきましょう。

一般的にアドレス（住所）は、通信のしくみの根幹を形成します。電話番号1つ見るだけでも、国番号＋市外局番＋市内局番＋加入者番号と分かれていて、「ああ、この通信システムは世界と通信するつもりがあるのだな」とわかります。学校のクラスの出席番号はただ数字が順番に並んでいるだけですから、「クラスの中でだけ、誰かを識別できればいいと割り切っているんだな」と理解できます。

IPアドレスは32桁の2進数で作られるアドレスです（**図2.9**）。

2進数はコンピュータにとってはとてもわかりやすい数の表し方なのですが、人間にとってはそうではありません。人間が数を数えるツールは大昔から指でしたし、指は10本あるので、人は10を1かたまりにするのが大好きです。ですので、人間向けにIPアドレスを表記する場合は、32桁の2進数を8桁ずつ4つのブロックに分けて、1ブロックずつ10進数に直して表します。すると、192.168.0.1のような数値が出てきます。パソコンやスマホの設定などで、どこかで目にしたことがあるのではないでしょうか。

これが（人間向けに10進数で表示された）IPアドレスで、新聞やテレビなどではよく「インターネット上の住所」と説明されます。まさにイン

ペンギンの好きな2進数

11000000 10101000 00000000 00000001

192 . 168 . 0 . 1

人間向けには
10進数にして
表示します

図2.9 IPアドレス

ターネット上のパソコンやスマホを特定するための情報なのです。
インターネットに接続して通信するためには、必ずIPアドレスが必要です。すると、「インターネットは匿名だ」という言い方がまやかしなのが理解できると思います。通信している以上、通信システムは送信者も受信者も把握しています。そうでなければ通信を届けることができません。そこには匿名性はありません。
インターネットが匿名のように思えるのは、「自分の住所や本名が隠蔽されている」からで、本当に誰にも自分の情報がわからないという意味ではありません。通信をすればIPアドレスの記録は残りますし、知識と権限のある人や機関が調べれば、そこから本人を辿ることができます。

MACアドレス

MACアドレスはコンピュータ（正確には**NIC：ネットワークインフォメーションカード**）に割り振られる番号です。
どんなアドレスを使うかは、その通信システムの根幹にかかわる問題です。システムの性質を決めてしまうと言ってもよいでしょう。たとえば、誰かと話をするとき、「人の目を見る」というアドレス指定方法を使うのであれば、少人数の友だち同士の集団でしか通用しないかもしれません。「フルネームを呼ぶ」アドレス指定方法なら、かなり大きな部屋や集団でも、その人を指定して会話を始められそうですが、同姓同名の問題が発生するかもしれません。また、遠く離れた場所と通信するときには、フルネームには場所の情報が含まれていないので、アドレスとして不適切でしょう。そんなときのために住所があったりするわけです。
情報通信にも状況に応じて、色々なアドレスが用意されています。そのなかでMACアドレスは、人間のフルネームに近いアドレスです。48桁の2進数で表すのですが、2進数は人間にとってはわかりにくいので、人間向けに表記するときには2進数8桁ごとに2桁の16進数にするのが一般的です。

000000010000000110000000000000001110000000100000

↓

00－1E－4D－98－70－14

MAC アドレスのうち、前半部分はメーカー識別子、つまりどのメーカーが作ったNICなのかを表す番号で、後半部分はメーカー内で設定する番号になります。これで、NIC ごとに世界でただ1つの番号を付与することができます。製造番号のようなものと考えて良いでしょう。実際に、MAC アドレスはパソコンやスマホを出荷するときにはすでに設定されていて、変更できないのがふつうです。

前半のメーカー識別子は、簡単に検索することができます。たとえば、https://uic.jp/mac/ などのサイトがあるので、自分のパソコンの MAC アドレスを入力して試してみましょう。先ほどの MAC アドレスの例の 00-1E-4D をこのサイトに入力すると、Welkin Sciencesの製品であることがわかります。基本的にはパソコンやスマホに1つ付く番号と考えて大丈夫ですが、有線 LAN、無線 LAN の両方の通信機能を持っているノートパソコンなどでは、有線 LAN の MAC アドレス、無線 LAN の MAC アドレスといったように、複数の MAC アドレスを持つことがあります。

MAC アドレスはネットワーク内の通信に使われるアドレスです。OSI 基本参照モデルでいえば、第2層のデータリンク層に位置する情報です。部屋の中で誰かのフルネームを呼んで始める会話にたとえることができるでしょう。

MAC アドレスで世界中のコンピュータと通信ができてしまえば楽ですが、前述したように MAC アドレスには場所の情報が含まれていません。そのため、たとえばアメリカに1番、フランスに2番、中国に3番の機器があるかもしれず、これで広域の通信をしようとするのはものすごく大変というか、事実上不可能です。そのため、ネットワークをまたぐ通信では、IP アドレスなどのネットワーク層に属する情報を持つアドレスが使われます。それだったら、ネットワーク内の通信も IP アドレスを使ってしまえばよさそうですが、IP アドレスは場所の情報を含むがゆえに、設置するまで番号が決まりません。工場出荷時には設定することができず、買ってすぐその機器で通信を始めることができません（**図 2.10**）。

また、設置する場所を変えると、IP アドレスは（住所のようなものなので）変更されます。アドレスを使って機器を特定したいときに、これが不利に働くことがあります。インターネットはバケツリレー型のネットワークですが、リレーを行うためには、最終目的地のアドレスと次にリレーし

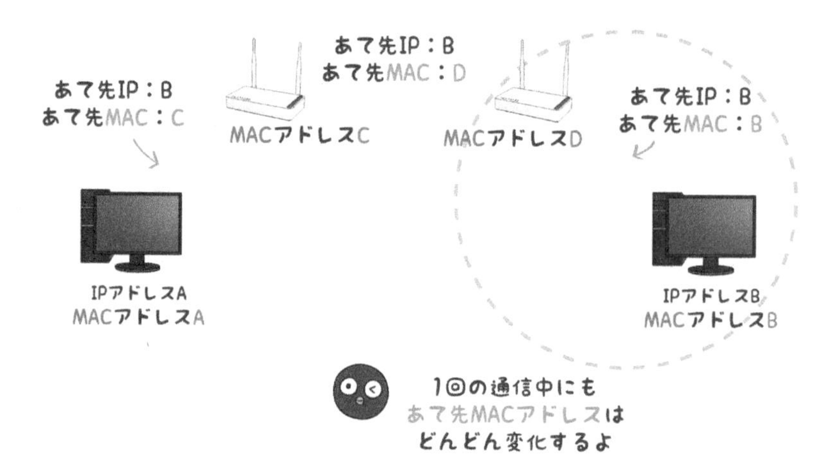

図2.10　インターネットでの通信とアドレス

てもらう機器のアドレスを別々に管理する必要があり、そのためにもIPアドレスとMACアドレスが分かれている方が都合がいいと言えます。このように適材適所を実行するために、たくさんのアドレスが併存していると考えてください。

ポート番号

ポート番号とはソフトウェアの識別番号と考えておけば大丈夫です。IPアドレスはコンピュータを特定するための番号ですが、現在のコンピュータは多くのソフトウェアを同時に動かしています。そのため、IPアドレスだけでは、相手のコンピュータに通信内容を届けられても、その中のどのソフトウェアに受け取ってもらえばよいのかがわかりません。そこを補完する情報としてポート番号が使われます。

一般的にインターネットでのソフトウェア間通信は、送信先をIPアドレス＋ポート番号の形で表して、相手のコンピュータとソフトウェアを特定します。1つのソフトウェアがいくつもポート番号を占有することも許されていて、実際に複数のポート番号を使うソフトもあります。

ポート番号は16桁の2進数で表します。私たちがふだん使う10進数に直すと、0〜65535の数値になります。MACアドレスやIPアドレスに比べるとだいぶ少ないようですが、世界中のコンピュータに割り振る番号と、

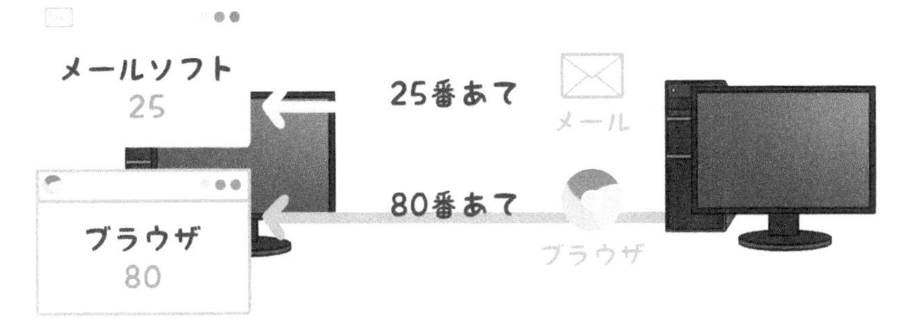

図2.11　ポート番号でソフトウェアを識別

1台のコンピュータの中でソフトウェアに割り振る番号の違いだと考えてください（**図2.11**）。

ポート番号はOSが管理していて、ソフトウェアを起動するときに、空いているポート番号から自動的に採番するのがふつうです。しかし、それでは困るケースがあります。たとえば、不特定多数の人がアクセスするメールサーバやWebサーバが、起動するごとにポート番号が変更になっていたら、利用者はいちいちポート番号を調べてからメールを出したり、ブラウザを使ったりしなければなりません。それは圧倒的に不便です。

そこで、不特定多数からの通信を受け付けるような用途に使うソフトウェアでは、予め固定のポート番号を定めておきます。これを**Well-knownポート番号**と呼び、0～1023番の中からポート番号が選ばれます。

たとえば、WebサーバソフトがHTTP通信（Webページのやり取り）を受け付ける場合には、暗号化をしない通信の場合は80番のポート番号を、暗号化をする通信の場合は443番のポート番号を使って待ち受けをすることが決められています。ブラウザを使ってアクセスする利用者は、「あのサイトのサーバソフトは、何番のポートを使っているだろう？」と悩む必要がありません（**図2.12**）。

なお、送信元ポート番号と送信先ポート番号は同じでなくても、ちゃんと通信できます。

図2.12　Well-knownポート番号

無線LAN

無線技術の適用箇所はどんどん拡充しています。リビングなどでは美観の問題もありますし、職場ではフレキシブルな働き方を実現するために、デスクやコンピュータの配置を容易に変える目的でも、無線が尊ばれています。情報通信を行うためのLANケーブルも、どんどん無線に置き換えられています。純粋な通信効率は依然として有線LANに優位性がありますが、機器のモバイル化が進んだ現在、無線LANが圧倒的に便利であることは事実です。

無線LANは未だ急速に進歩している分野なので、たくさんの規格があります。基本的にはIEEE802委員会が定めた規格が世界中で使われていて、そのバリエーションは**図2.13**のようになっています。

いまは、無線LANとは言わずに**Wi-Fi**と呼ぶことが一般的です。Wi-FiはもともとIEEE802.11シリーズの規格に沿って作られた通信機器が、ちゃんとつながるかどうかを認証するためのしくみであり、団体でした。初期の無線LANでは、メーカーの違いや世代の違いで、うまく通信ができない事態が多々ありました。そこで、**Wi-Fi Alliance**が接続に関して認証した製品にWi-Fiロゴを付与して、利用者が安心して使えるようにしたのです。

無線LANには、有線の通信にはない考慮点が存在します。有線LANであれば、接続すべきネットワークはほとんどの場合で明らかです。しかし、無線LANでは接続点であるアクセスポイントから電波が届く場所で

規格名	最大伝達速度	周波数帯
IEEE 802.11	2 Mbps	2.4 GHz
IEEE 802.11a	54 Mbps	5 GHz
IEEE 802.11b	11 Mbps	2.4 GHz
IEEE 802.11g	54 Mbps	2.4 GHz
IEEE 802.11n	600 Mbps	2.4 GHz / 5 Ghz両方
IEEE 802.11ac	6.9 Gbps	5 GHz
IEEE 802.11ax	9.6 Gbps	2.4 GHz / 5 Ghz両方

図2.13 無線LANの規格

あれば、誰でもそこに接続できる可能性があるので、複数の電波を拾える場所ではどのアクセスポイントに接続すべきか選択しなければなりません。

そのために、各アクセスポイントは**ESSID**という識別子を電波で発信し、利用者が、自分が接続するネットワークを見分けられるようにしています。また、電波による無線通信を行う以上、アクセスポイントと自分のパソコンやスマホとの通信は、簡単に傍受されてしまいます。ここが、セキュリティを考える上での有線LANとの大きな違いです。有線LANでも通信の傍受は原理的に可能ですが、有線のネットワークケーブルにプロトコルアナライザと呼ばれる分析機器を接続したり、LANケーブルから漏れる微弱な電磁波を傍受したりする特殊な機器が必要になります。

傍受されるのが前提になるため、暗号化をしない無線通信はすべてリスクがあると考えてください。現状において、無線LANで行う通信はすべて暗号化すべきです。利便性を重視して、暗号化をせずに提供される公衆無線LANがありますが、使用は避けましょう。

暗号化通信を行う際にどのように相手を認証するのか、暗号化アルゴリズムは何を使うのかといった項目をまとめた規格に、**WEP**（Wired Equivalent Privacy）、**WPA**（Wi-Fi Protected Access）、**WPA2**、**WPA3**があります。WEPやWPA、WPA2にはすでに脆弱性が見つかっ

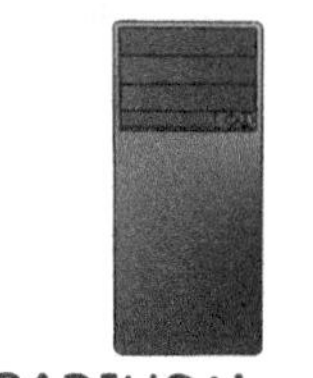

図2.14 エンタープライズモードのしくみ

ていて、攻撃者は容易に攻撃することが可能になっています。そのため、基本的には後から登場した新しい規格を使うべきです。ただ、新しい機器を購入しても、設定によって古い規格（WEPなど）を選ぶことができます。古い機器との混在のための機能ですが、セキュリティの観点からは古い規格しか使えない機器は更新していきましょう。

WPAでは、暗号化通信を始める際の手順として、家庭や小規模オフィスでの接続に使うような**パーソナルモード**と、企業などの大規模接続に向いた**エンタープライズモード**が用意されています。

パーソナルモードでは、共通のパスフレーズを事前にアクセスポイントに設定しておき、接続時に利用者に入力させ認証を行います。一方のエンタープライズモードでは、アクセスポイントの他に**認証サーバ**を別に立てて、大量の利用者1人1人に異なるIDとパスフレーズを与え、これらを効率的にさばきつつ、より強固なセキュリティを構築できるようにしています（**図2.14**）。

DNS

インターネットでアドレスを表す情報はIPアドレスでした。IPアドレスを使えば、私たちはインターネット上に存在しているコンピュータと通信をすることができます。しかし、学校のWebページを見ようとして、192.168.0.1のような数値を入力することはほとんどないと思います。Webページのアドレスとしてまず思い浮かべるのは、www.kodansha.co.jpといった**ドメイン名**です。しかし、実はドメイン名はインターネット（IPのルールで動くネットワーク）では役に立ちません。通信の送信元も送信先も、あくまでIPアドレスで指定することによって通信が成り立ちます。

では、なぜドメイン名を使うのでしょうか？　もちろん、人間にとってわかりやすいからです。192.168.0.1と言われても何のことだかわかりませんが、www.kodansha.co.jpであれば、jp（日本にある）、co（営利組織に分類される）、kodansha（講談社という会社の中にある）、www（wwwと名付けられたコンピュータ）だと筋道立てて考えることができます。これも、あくまで人間向けにつけられた名前なのです。

一方で、コンピュータが理解できるインターネットのアドレスはIPアドレスだけですから、ブラウザにwww.kodansha.co.jpと入力されても通信をスタートすることができません。この問題を解決しているのが**DNS**です。DNSは**クライアント／サーバ型**と呼ばれるしくみで動いていて、**クライアント**（お願いする方）が、**サーバ**（お願いされて、サービスしてくれる方）とやり取りすることで、ドメイン名をそれに対応するIPアドレスと結びつけてくれます。

私たちがふだん使っているパソコンやスマホは、**図2.15**でいうとDNSクライアントです。DNSに「www.kodansha.co.jpは、正式なIPアドレスでいうと何ですか？」と聞いて、52.68.237.254だと教えてもらうことで、そのIPアドレスを使って講談社のコンピュータと通信できるのです。DNSサーバは世界中に設置されていて役割分担していますが、講談社のIPアドレスを教えてくれるDNSサーバは、講談社にあります。

なお、ドメインとはなわばりを意味します。jp（日本のなわばり）とか、co（営利企業のなわばり）、kodansha（講談社のなわばり）といったイメージです。

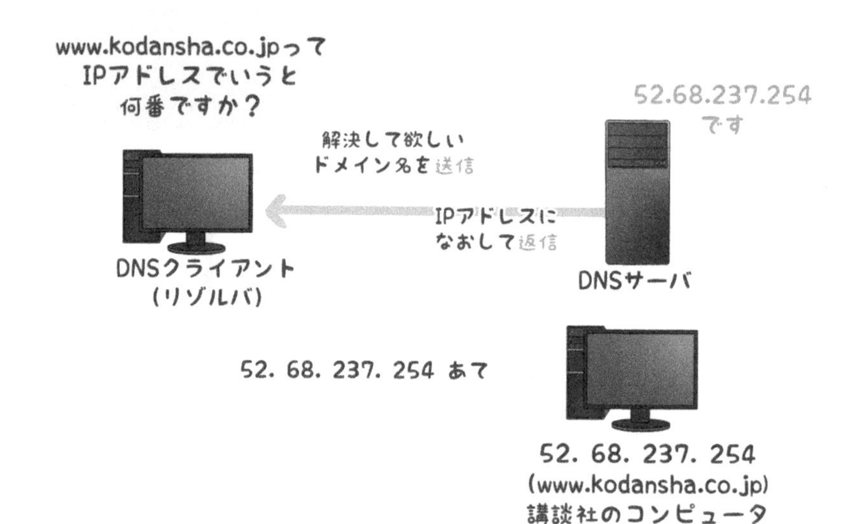

図2.15 DNSのしくみ

正確に言うと、kodansha.co.jp までがドメイン名です。日本のなかにある、営利企業群のなかにある、講談社のなかにある……となわばりを示しています。最後の www はホスト名（コンピュータ名）といって、「講談社のなかにある www と名前のついたコンピュータ」であることを表します。

私たちはふだんなにげなくドメイン名と言っていますが、ドメインはなわばりなので「このコンピュータ」と指定してはいません。kodansha.co.jp だけだと講談社というグループにまでしかたどり着けないわけです。講談社にはたくさんのコンピュータがありますから、この情報から IP アドレスを得ることは不可能です。www.kodansha.co.jp と、ホスト名までを指定して初めて DNS は「そのコンピュータの IP アドレスは x.x.x.x だよ」と返事をくれることになります。ホスト名まで含んでいて、IP アドレスに変換可能なドメイン名のことを特別に**FQDN**（完全修飾ドメイン名）といいます。

いま情報セキュリティを考えるにあたっては、インターネットなどの通信のしくみを抜きにすることはできません。この章で説明したネットワークの基本的な要素を、頭の片隅にでもいいので、とどめておいてください。

入鉄砲と出女

サイバーセキュリティの基礎

セキュリティの基本的な考え方としての境界線モデルについて学びましょう。出て行くもの、入ってくるものの、何をどうやって検査するのかがポイントです。一口に「入ってくるもののチェック」といっても、識別〜認証〜認可のプロセスがあって、これをごっちゃにするとまずいことになります。安全でない通信路を安全に使う「暗号」や、それを応用して本人確認を行う「デジタル署名」といった技術も理解します。

3.1 識別、認証、認可

顔パスは識別と認証を同時にこなす高度な技

識別、認証、認可

第1章で、セキュリティの基本は1000年前も今も「鬼は外、福は内」の考え方であることを学びました。自分が守りたいもののまわりに境界線を引いて、その外側は怖いところ、内側は安全なところと区別し、それを維持する方法です。

内側だけで人やものを流通させて、それで仕事や生活が完結するのであれば、この方法で内側は安全に維持できるかもしれません（その場合でも、最初は善人だった人が、途中から悪人に変わったりするリスクはあります）。しかし、現実問題として、境界線の外側と内側の間で人やものの流通がないということはありません。そうしなければ、仕事も生活も行き詰まってしまうでしょう。日本の鎖国時代だって、海外との貿易はありました。

それを回避する唯一の方法として、境界線をどんどん拡大して地球全体を境界線の中に収めてしまおうという考え方はあり得ます。しかし、事実上それは無理ですし、互いに善人でも、考え方が違うために無理に境界線の内側に同居してみたらトラブルが絶えなくなった、などの事態も起こります。

となると、外側から悪いものが入ってこないか、内側から大事なものが出ていかないかを、境界線のところできちんと管理（アクセスコントロール）することが、セキュリティを維持するために極めて重要になってきます。各国が出入国管理などを厳格に行うのはそのためです。そこまで大上段に構えなくても、私たちはふだんから建物に入るのに受付をしたり、警備員さんのチェックを受けたりすることに慣れています。身近なアクセスコントロールの例です。

インターネットを始めとするネットワーク上でのアクセスコントロールも、基本的には会社やテーマパークに入るための受付と同じ考え方で行われます。ただし、目に見えないものなので、細部までよく理解していないと思わぬ盲点を作って悪いものを中に入れてしまうかもしれません。

アクセスコントロールは3つのプロセスに分解することができます。**識別**、**認証**、**認可**です。

識別は訪ねて来た人が誰なのか、送られてきた通信が誰からのものなのかを理解するステップです。訪問客なら名前を言ってもらったり、名刺を要求するかもしれません。通信の場合は、相手の顔が見えませんので、利用者ID（アカウント）などで「誰か」を識別するのが一般的です。

ポイントは「誰か」がわかることで、チーム内で利用者IDを共有しているケースなどは、たとえ利用者IDを使っていても識別はできていないことになります。

認証は識別によって得られた「誰か」が本当なのかを確認するステップです。自己申告で「岡嶋です」と言われても、それが本当かどうかはわかりません。身分証を見せてもらったり、所属する会社に電話したりして、この人の言っているとおり確かに本人だと確かめるわけです（**図3.1**）。

わたしたちのふだんの生活では、識別と認証がごっちゃになっていることが珍しくありません。いわゆる「顔パス」などです。確かに小規模の会社やチームでみんなが顔を知っているのに、「あなたは誰ですか？」「身分証を見せてもらえますか？」とやっていたら、人間関係がぎくしゃくしたり、仕事に支障を来したりしそうです。

しかしネット上のアクセスコントロールでは、認証を疎かにはできません。識別によく使われる利用者IDは特に秘匿される情報ではなく、第三者がいくらでも入手可能だからです。その利用者IDが、誰かに不正利用

図3.1　識別と認証

（なりすまし）されたものではなく、確かに本人が使っていると確認するために、認証のステップは欠かせません。認証によく使われる手段はパスワードですが、この点は後で詳しく説明します。

認可は、その人が何をしていいかを見分けるステップです（**図 3.2**）。訪ねたり、通信してきたりした人が誰かわかり、確かに本人だと認められたとしても、それで会社のなかを好きに練り歩いたり、サーバの中を全部いじられたりしたら困ります。

会社の中でも、訪問客はここまで、一般社員はここまで、役員はここまで入っていいなどと区画分けがされていますが、これは認可の１つの例です。サーバや通信機器も同じ考え方で、ファイルやサービスにアクセス権が設定されています。

適切なアクセス権を設定することは、不正利用などの他に、ミスから自分を守る意味でもとても効果があります。自分のパソコンを使うのに管理者特権をもった利用者 ID を用いる人はたくさんいると思います。権限が大きい方が使いやすいからです。しかし大きすぎる権限でパソコンを利用して、間違って「ハードディスクの中身を全部消す」操作をしてしまったら、本当にすべてが消えてしまいます。

その仕事、その作業に必要最小限の権限で臨むことは、ここでも重要です。ふだんは一般権限で作業をし、必要なときだけ管理者特権で重要な作業を行うと、リスクを低減できます。スマホはそうなっていて、そもそも一般利用者にはスマホの管理者特権が与えられておらず、スマホを壊してしまいそうな設定変更や、通信事業者のアプリ削除などができないように

図 3.2　認可

なっています。利用者にとっては不便な側面もありますが、変な操作でスマホを壊さない意味では極めて効果があります。

パスワードという欠陥品

本人確認の手段として昔から使われてきたのは、事物による認証（鍵や身分証を持っていること）、知識による認証（合言葉やパスワードを知っていること）です。「合言葉を知っているのは本人だけのはずだから、この人は確かに本人だ」という確かめ方です。

情報資産を使うときの認証としてよく使われるパスワードですが、これはかなりの欠陥品です。知識による認証は手軽に始められる利点がありますが、漏れやすいという大きな欠点があります。もちろん、鍵や身分証だって盗まれるリスクやコピーされるリスクはありますが、合言葉の場合はぽろっと人前でつぶやいただけで漏れてしまったり、目に見えないものなので、漏れたことに気付かなかったりします。

また、推測されやすいことも、パスワードを使う上での大きなリスクです。パスワードは「忘れてしまって、使いたいときにパソコンやスマホを使えなくなってしまう」リスクがあるので、利用者は忘れにくいものにしようと考えます。すると、どうしても短かったり、自分に関わりのある情報（名前、生年月日、電話番号、好きな単語……）で設定したくなります。これは、パスワードを推測しようと考える人にとっては、大きな手掛かりです。その人のことを少し調べればいいのですから。

「そんな情報を設定する利用者が悪い」と非難するのは簡単ですが、そういう情報を設定したくなる時点で、パスワードという認証方法に構造的な欠陥があるわけです。しかし、パスワードには「簡単に導入できる」「安い」利点があるので、サービスを提供する側としては手放したくありません。

そのため、構造的な欠陥に目をつぶりつつ、運用で回避しようとします。それが、「長くて複雑にしなければならない」「メモに残してはいけない」「定期的に更新しなければならない」「個人情報に結びついたものや、単純な単語などではいけない」「サービスごとに違うものを用意する」といったパスワード生成ルールにつながります。ちょっと見ればわかりますが、利用者の負担になるものばかりです。パスワードという認証方式は、利用者の犠牲の上に成り立っていると言ってもいいでしょう。

しかも、これらのルールは互いに矛盾しています。長くて複雑にし、しかもこれを定期的に変更しなければならないのであれば、どうしたってメモに残したくなります。個人情報など覚えやすいもの以外で、頻繁に変更しなければならず、かつ長大なパスワードなど、メモなしには誰も覚えられません。結果的に、使いたいときに必要な機器が使えなかったり（重大なセキュリティ上のリスクでした）、危ないと言われているパスワードの使い回しをせざるを得なくなったりするなど、ルール自体がリスクを大きくさせる効果すら持つことがあります。パスワードの使い回しをすれば、脆弱なサービスからパスワードが流出したときに、他のすべてのサービスで使っていたパスワードも第三者に知られてしまいます。

1つ1つのルールについて、少し説明を加えましょう。なぜ、長くて複雑なパスワードにするのでしょうか。これは**総当たり攻撃**（**ブルートフォースアタック**）を防ぐためです。総当たり攻撃とは、パスワードになっている可能性のある文字列を全部試すパスワード不正取得の方法で、身も蓋もない力技ですが、時間さえかければいつかは必ずパスワードを探り当てることができます。

日本の銀行の暗証番号が良い例ですが、4桁の数字で番号を作るなら、0000から9999まで1万通りをすべて試してしまえば、何も手掛かりがなくても必ず正しいパスワードを引き当ててしまいます（**図3.3**）。1万通り試すのはちょっと骨ですが、お金が引き出せると思えば試す人は多そうです。

図3.3　総当たり攻撃

そこで、英大文字、英小文字、記号などを織り交ぜた長いパスワードにするのです。文字種も文字数も増えることで、「全部試す」ことのコストが非常に大きくなります。現実的な時間の中では全部試すことはできませんし、仮にいつか正解を引き当てたとしても、得られたお金より、投じたお金や時間の方が大きくなってしまうでしょう。

このように、パスワードはいつかはわかってしまうけれども、わかるまでにかける労力や時間を考えると、割に合わないようにするしくみです。それを理解しておくと、サービスの提供者になったとしても、利用者になったとしても、良い使い方ができるでしょう。

ちなみに、総当たり攻撃の対策にアカウントロックがあります。お馴染みの「3回パスワードを間違えると、その利用者IDは使えなくなる」手法です。確かに3回間違えたらダメなのであれば、たとえ銀行の暗証番号でも全部試すことはできません。

しかし、攻撃者は常に工夫をするもので、これには**逆総当たり攻撃**（**リバースブルートフォースアタック**）という抜け道があります。好まれるパスワードは傾向が固まっているので（たとえばアメリカでは、123456やpassword、iloveyouなど）、鈴木さんのIDで123456、田中さんのIDで123456と、パスワードを変えずに利用者の方を変えていきます（**図3.4**）。すると、「3回間違えていない」ので、アカウントロックには引っかかりません。ありがちなパスワードを使っている誰かに到達したときに、労せず

図3.4　逆総当たり攻撃

してその人の正しいパスワードがばれてしまうことになります。
　繰り返しになりますが、このときありがちなパスワードを使った人を責めるのは簡単です。しかし、パスワードには「ありがちなものにしたくなる。そういう状況に利用者を追い込む」という構造的な欠陥があると思ってください。そろそろ、わたしたちはパスワードに代わる新たな認証方式にシフトしていく必要があると思います。

認証機構のいま

　利用者ばかりに負担がかかるパスワードは、唯一の認証方法ではありません。本人確認が取れればいいわけですから、他にもやり方は存在します。「他のやり方」は往々にしてコストがかかりますが、セキュリティ意識の高まりや頻発する**セキュリティインシデント**（セキュリティ事故）を受けて、サービスの提供者側も重い腰を上げ始めています。
　パスワードの次に来る認証機構として、最初に期待されたのは**バイオメトリクス**でした。人間の生体情報を認証の鍵として使うものです。忘れてきたりすることはありませんし、パスワードに比べるとコピーやなりすましが困難です。そのため、指紋や掌紋、声帯、網膜、虹彩、顔認証、果ては遺伝子まで、各種の生体情報を使った認証方式が現れ、世の中で使われています。それぞれの認証方式には認証の精度や認証にかかるコスト、使用感などに一長一短がありますが、最初期から登場しコストがこなれている指紋認証や、多くのデバイスに搭載されるのが当たり前で忌避感を感じにくいカメラを用いた顔認証が、よく使われています。
　一時期は生体認証が究極の認証技術といった言われ方もされましたが、攻略手段のない技術はありません。むしろ、「これで完璧だ！」と思った瞬間に油断が生じて大きな事故につながるので、その点を理解しておくことは重要です。
　たとえば、指紋であればシリコンなどでコピーして認証システムを突破する事例は登場直後からありましたし、それでなくても寝ている間に指や顔を使って、パソコンやスマホなどのロックを解除されてしまうかもしれません。第三者に指紋が流出したとわかっても、パスワードと違って変更することもできません。

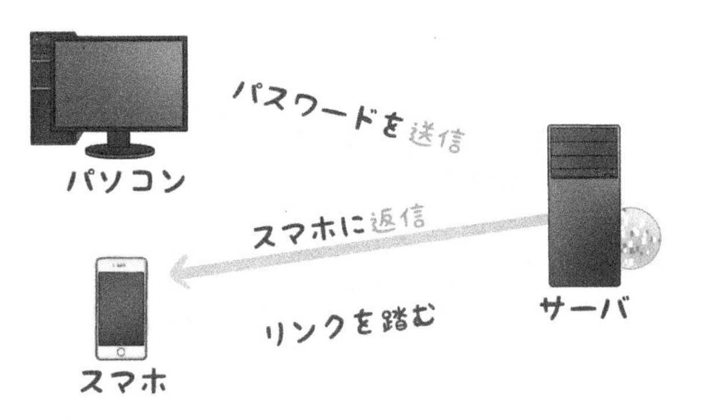

図3.5　二要素認証

こうした欠点も抱えているため、近年では**二要素認証**がさまざまなシステムで使われています。複数の要素を組み合わせて、セキュリティの水準を高める方法です。

典型的なのが**図 3.5** のような手順です。最初に①知識による認証（パスワード）を行いますが、サーバ側はそれだけでは信用しません。パスワードは常に窃取やなりすましのリスクがあるからです。そこで、メールやプッシュ配信などの形で、スマホなど利用者に紐付いた端末にメッセージを送ります。そこに含まれているリンクをクリックすることで、「本人しか持っていないはずの端末を持っている」②事物による認証を行うのです。

攻撃者は図 3.5 の二（多）要素認証のシステムを攻略するとき、パスワードもスマホも盗まなければなりません。可能ではありますが、そのためのコストはとても大きくなります。繰り返しますが、セキュリティとはリスクを 0 にする行いではなく、攻撃のコストを大きくして攻撃者を諦めさせることが目的です。

なお、同じくよく使われるしくみとしての第 1 暗証番号、第 2 暗証番号の組み合わせは、二段階認証ではありますが、二要素認証ではありません。どちらも知識による認証だからです。

第 1 暗証番号が盗まれたときは、第 2 暗証番号も盗まれているリスクが大きいので、利用者の利便性を低下させる割には、さほどセキュリティ水準が高まるわけではありません。同様に、メールに暗号化したファイルが添付され、それを解読するための復号鍵が次のメールで送られてくる対策も、あまり効果はありません。メールの盗聴が行われるのであれば、どちらも盗聴されている可能性が高いからです。

ですから、先ほどの図のように①知識による認証、②事物による認証と、異なる認証要素を組み合わせることが大事になります。

また、安全性と利便性のバランスを取るための施策として、**リスクベース認証**もよく使われるようになりました。通常は1段階のパスワードによる認証だけで済ませ、ふだん使っていない端末、場所からのアクセスであったときにだけ、秘密の質問が重ねて問われるような方法です。

3.2 暗号

人に見られても、秘密がばれない工夫

共通鍵暗号

暗号はインターネットで極めて重要なポジションを占めるに至りました。インターネットは共有回線を使用することで、相互接続性やコスト効率、回線使用率を高めたネットワークです。しかし、これが普及して社会のインフラになってくると、インフラとしての欠点も目立ち始めました。その最たるものが**盗聴**に対する脆弱性です。

でも、今からインターネットを作り直すことは現実的ではありませんし、インターネットの利点すら殺してしまう可能性があります。そこで、「特徴の通り、盗聴はされやすいかもしれないけれど、情報は漏れない」という状態を作るための対策として暗号が使われます。

まだ暗号化していないデータのことを**平文**といいますが、まず平文に対して暗号化を行い、暗号文を作ります。メールなどで送信するときは、誰でも読めてしまう平文ではなく、暗号文にして送るのです。すると、途中で第三者に盗み読みされてしまったとしても、暗号なので書いてある意味がわかりません（**図 3.6**）。

一方で、メールを受け取った正規の受信者は暗号を解読する（**復号**といいます）ことができるので、ちゃんと情報が伝わります。

暗号は大昔から軍事や政治の世界では重宝されていて、俗説では古代

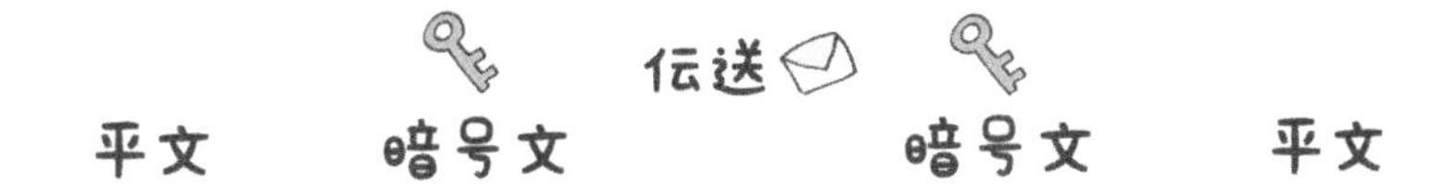

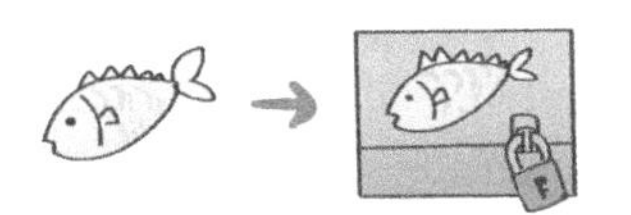

図3.6　暗号文を使った送信

ローマのカエサル（シーザー）が最初期の暗号を運用したと言われていることは、第1章でも学びました。カエサルの暗号はとてもシンプルで、アルファベットを3文字ぶん前シフトして暗号文を作ります。たとえば、平文がDEFGHであったなら、それを3文字シフトして作られる暗号は、ABCDEです。復号するときは、後ろ方向に3文字ぶんシフトすれば、平文であるDEFGHを復元できます。

図3.7は暗号の代表的な作り方です。シーザー暗号は、D → Aのように置き換えているので、**換字式暗号**であることがわかります。図中の換字式暗号は、シャーロック・ホームズの『踊る人形』で使われた換字式暗号です。

ここで重要なのは、いくらシーザー暗号で暗号文を作っても、何回か暗号文が敵の手中に落ちれば、暗号の作り方や戻し方が推測されてしまいそうな点です。誰かが「3文字ずらせば、意味の通る言葉になるのでは？」と思い当たるリスクは小さくありません。

暗号の使い手としては暗号のバリエーションを増やしたいのですが（日々違う暗号を使っていれば、推測をかわすことができるから）、暗号の作り方は簡単に思いつくものではありません。そこで出てきたアイデアが、**暗号アルゴリズム**と**鍵**の分離です。シーザー暗号を例にとると、「アルファベットをシフトしよう」の部分が暗号アルゴリズムに、「シフト幅

図3.7 暗号の代表的な作り方

は3文字ぶんだ」の部分が鍵になります。

暗号アルゴリズムを毎日考えるのは困難ですが、鍵を「今日は4文字ぶん、明日は10文字ぶん」などとして、同じ文章から毎日違う暗号が作られるようにするのは難しくありません。鍵をどんどん変えていけば、通信の安全は保ちやすくなります。

ただし、送信者と受信者の間で、鍵の取り決めは周到にしておかねばなりません。送信者が3文字ぶんずらしたのであれば、受信者はきちんと正確に3文字ぶんずらし直さないと、復号ができません。

このように、送信者と受信者が同じ鍵を使って暗号のやり取りをするので、この方式を**共通鍵暗号**と呼びます。暗号を作るときと、元に戻すときに同じ鍵を使うのは、ある意味で当たり前です。暗号の歴史のほとんどの期間で、この共通鍵暗号が使われてきました。

公開鍵暗号

インターネットが爆発的に普及すると、暗号の世界にも変化が生じました。それまで軍事や政治で使うものだった暗号が、一般の人にも身近になったのです。ちょっとパスワードを入力するとき、ネットで買い物をするとき、暗号を使いたいシーンは激増しました。

しかし、共通鍵暗号には2つの使いにくい点があります。1つは相手が増えると鍵の数が増大することです。AさんとBさんがやり取りするため

図3.8　鍵の使い回しはできない

に作った共通鍵をCさんにも使い回すことはできません。AさんとBさんの秘密のやり取りを、Cさんにも知られてしまうからです（**図3.8**）。

そのため、AさんとCさんが秘密のやり取りをするためには、専用の鍵Xが必要になりますし、BさんとCさんがやり取りするときも別の鍵Yが必要になります。共通鍵暗号でn人が参加するネットワークでは、n(n−1)/2個の鍵が必要になります。n×nのかけ算になっていることから、人数が増えてくると莫大な数の鍵が必要になることがわかります。

鍵の配送も悩ましくなってきます。インターネットでは不特定多数の人との通信が行われますが、初めて通信する人とはどうやって同じ共通鍵を持ち合うのかが問題です。メールで送ったりするのはNGです。その時点ではまだ鍵を持ち合っていないため、平文で鍵を送ることになり、鍵そのものが盗聴されてしまいます。悪意の第三者に鍵を知られれば、そのあとどんな暗号文を送ろうとすべて解読されます。

会って一緒に鍵を作る？　遠隔地の人と容易に通信できるインターネットの特徴が台無しです。宅配便のセキュリティサービスで鍵を送る？　費用と時間がかかり、これもインターネットの利点がなくなってしまいます。

今までの主要な暗号利用者であった軍や政治であれば、こうした問題を力技で解決できました。しかし、一般の人がインターネットで使うのであれば、現実的なコストと時間のなかで問題を解消できなければなりません。

そこで登場してきたのが、**公開鍵暗号**です。

公開鍵暗号の特徴は、暗号を作ることしかできない**暗号化鍵**と、復号もできる**復号鍵**に鍵を分離したことです。それの何が嬉しいかというと、暗号を作るしか能がない暗号化鍵は、雑に扱うことができるのです。

困るのは、第三者の手に復号ができる鍵が渡って暗号が解読されてしまうことですから、暗号化しかできない暗号化鍵は第三者に知られてもいいことになります。であれば、メールで送ることも、Webサイトで公開することも可能です。そのため、暗号化鍵のことを公開鍵、復号鍵のことを秘密鍵とも呼びます。公開鍵暗号は、鍵の配送問題を解決しました。

そして、公開鍵暗号は鍵数の問題も、かなり緩和することができます。公開鍵暗号の暗号化鍵と復号鍵はペアとして作るので、受信者が作ることになります（復号していいのは、受信者だけですから）。そして、ペアとなる暗号化鍵は、通信相手であるBさんにもCさんにも同じものを使い回すことができます。暗号化しかできないので、BさんとCさんが同じ鍵を持っていても、暗号を解読される心配がないからです（**図3.9**）。

公開鍵暗号でn人が参加するネットワークを作るときには、2n個の鍵が必要です。共通鍵暗号と比べて、すごく少なくなっていることがわかります。nを2倍しているのは、ある鍵のペアは片方向の通信にしか使えないため、逆の方向に通信を送りたい場合には、異なる鍵が必要になるからです（**図3.10**）。

図3.9　公開鍵暗号

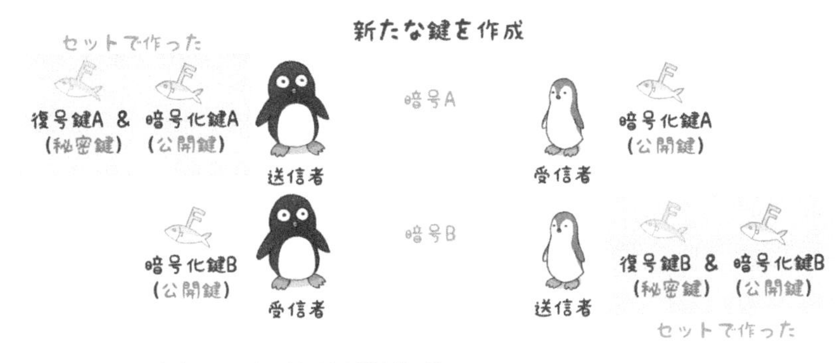

図3.10　双方向でやるには別の鍵がいる

公開鍵暗号が作られたからこそ、私たちはいま気軽にインターネットで暗号通信ができていると言っても過言ではありません。ただし、公開鍵暗号には、共通鍵暗号と比べて暗号の生成や解読に時間がかかる短所もあるため、最初に公開鍵暗号で暗号通信を行い、その暗号通信を使って安全に共通鍵を交換し、それ以降は共通鍵暗号での暗号通信に切り替えるハイブリッド通信などの工夫が行われています。

3.3 ハッシュ

偽造しにくい要約で、改ざんをチェック

ハッシュと暗号の違い

暗号とよく取り違えられることもある**ハッシュ**について、第1章の復習もかねてふたたび学びましょう。あるデータを**ハッシュ関数**（セキュリティ分野では、その中でも特に暗号学的ハッシュ関数と呼ばれるものが使われます）にかけると、ハッシュ値が得られます。このとき、ハッシュ値は次のような特徴を持ちます（**図3.11**）。

- 元のデータがどんなサイズでも、必ず一定の長さのハッシュ値になる
- 異なる元のデータから、同じハッシュ値が出てくる確率は、とても低い
- ハッシュ値から、元のデータは復元できない
- 元のデータが同じであれば、必ず同じハッシュ値が出てくる

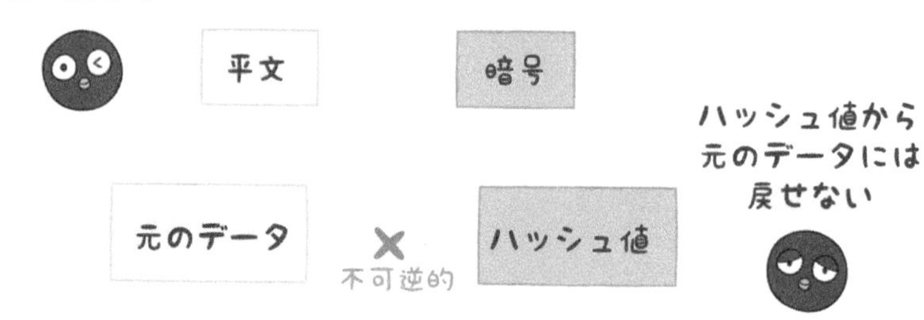

図3.11　暗号とハッシュの違い

●元のデータが少しでも異なると、似ても似つかぬハッシュ値が出てくる

この特徴の何が嬉しいのでしょうか？

たとえば、パスワードの保存ではよく「パスワードを暗号化して保存しました」という表現が使われます。でも、これは正しくありません。暗号であれば、流出したときなどに解読されるリスクがあるからです。

でも、パスワードをハッシュ値にして保存しておけば、ハッシュ値からパスワードを復元することはできないので、仮にパスワードが流出しても安全です。しかも、それでもパスワードの検証をすることができます。利用者が入力したパスワードをハッシュ関数にかければ、「元のデータが同じであれば、必ず同じハッシュ値が出てくる」ので、保存してあったハッシュ値と照らし合わせれば、正しいパスワードであるかどうかがわかります。

また、配布されたアプリにウイルスが混入していないかどうかなどの判定にも使えます。アプリの配布元が、アプリから計算したハッシュ値を公開していれば、実際にダウンロードしてきたアプリを自分でハッシュ関数にかけて、正しいハッシュ値と照らし合わせることができます。「元のデータが少しでも異なると、似ても似つかぬハッシュ値が出てくる」ので、誰かが中身を書き換えたり、ウイルスを混入したりしていれば、公開されているハッシュ値とは違うハッシュ値が出てくるはずだからです。この特性を利用して、ハッシュ値はメールや文書の内容の改ざんチェックなどにも使われています。

ハッシュの実例とハッシュの寿命

ハッシュ関数は、自分で実際に使ってみることができます。ここではWindowsの機能を使って、hogehoge.txtというファイルの中身を、MD5ハッシュ関数にかけ（ハッシュ関数にはたくさんの種類があります）、ハッシュ値を得てみました（**図3.12**）。

ファイルの中身は「講談社サイエンティフィク」としたので、「講談社サイエンティフィク」のハッシュ値は「eaf9e483f2d639d14cf282bbef465569」だとわかります。

ここで誰かがファイルの中身を「講談社サイエンティフィック」に書き換えました。元のデータと似ているので、字面を眺めただけでは目が滑って「同じかな？」と判断してしまいそうです。

でも、ハッシュ関数にかけると「edc81d6807a3820c6745914f5c283348」と、先ほどとは全く異なる数値が出力されました。内容が書き換えられたことが一目瞭然です。

このように便利なハッシュですが、その安全性がゆらぐことがあります。たとえば、ハッシュ値から元のデータを復元することができなくても、「123456のハッシュ値はこう、abcdefのハッシュ値はこう」などと変換表（テーブル）を作られ、それが完備されると、悪意の第三者はその

```
コマンド プロンプト
d:¥>certutil -hashfile hogehoge.txt md5
MD5 ハッシュ (対象 hogehoge.txt):
eaf9e483f2d639d14cf282bbef465569
CertUtil: -hashfile コマンドは正常に完了しました。

d:¥>_
```

```
コマンド プロンプト
d:¥>certutil -hashfile hogehoge.txt md5
MD5 ハッシュ (対象 hogehoge.txt):
edc81d6807a3820c6745914f5c283348
CertUtil: -hashfile コマンドは正常に完了しました。

d:¥>_
```

図3.12 ハッシュ値を作ってみた

テーブルを見て「このハッシュ値だと、元のデータは123456だぞ」と知ることができるようになります。

また、異なる元のデータから、同じハッシュ値が出力されてしまう「衝突」という現象を意図的に引き起こせるテクニックが見つかると、そのハッシュ関数は危機に瀕します。違うデータでもハッシュ値が同じになるのであれば、パスワードを知らなくても認証システムを突破できるかもしれませんし、改ざんした文書を正規の文書だと誤認させることも可能です。

先ほど例にあげたMD5ハッシュ関数は、すでに衝突のさせ方が広く知られており、安全なハッシュ関数ではなくなっています。このように、暗号アルゴリズムやハッシュ関数には寿命があり、いずれは新しいアルゴリズムや関数に取って代わられる運命にあります。自分が使っているこれらの技術が、攻撃に弱い状態（**危殆化**）になっていないかを知ることはとても重要です。

3.4 PKI
デジタル社会の印鑑登録

デジタル署名

デジタルデータは改ざんや捏造が容易です。手書きと違って書き文字の癖などの情報がなく、修正した跡もわからないからです。しかし、ビジネスなどでは作った文書にその後変更が加えられていないかや、本当に本人が作ったのかどうかは大問題です。

これを知るための技術が、**デジタル署名**です。私たちのリアルな日常で、この用途に使われるのはハンコです。文書に修正を加えたら、そこに訂正印を押すことで不正な改ざんかどうかが判断できますし、ハンコを持っているのは本人だけのはずですから、本人がちゃんと作った文書であることも証明できます。裏を返せば、「自分が作った書類ではない」と言い出す事後否認も、ハンコによって防止できます。

ハンコを使ってデジタルデータに捺印することはできないので、公開鍵暗号を応用することで対処します。暗号の用途に使っていたときとは逆に、送信者が暗号化鍵と復号鍵のペアを作り、復号鍵の方を受信者に公開

図3.13　デジタル署名

してしまいます（**図3.13**）。

暗号を復号できる方の鍵を、みんなに公開するなんて正気の沙汰ではありません。実際、公開鍵暗号のしくみを応用してはいても、情報の秘匿には役に立たないことに注意してください。

このしくみでわかるのは、BさんやCさんに送られてきたデータを、Aさん本人が作ったかどうかだけです。データが復号鍵できちんと復号できたならば、ぴったり復号できるその暗号文を作れたのは、正規のペア暗号化鍵を持ってるAさんだけのはずですから、Aさんの手によるデータであると確認できます。「自分が作ったデータではない」と主張する事後否認も、否定することができます（他の人には、その暗号は作れないから）。

途中で元のデータが改ざんされた場合も同様です。到着した平文と、デジタル署名を復号して取り出す平文とに食い違いが出るので、改ざんを検出することができます（**図3.14**）。

実際には、元のデータを暗号化する前にハッシュ関数にかけることで、署名の長さを揃え、改ざんへの耐性を強めます。

デジタル証明書とPKI

デジタル署名は便利ですが、決定的な弱点もあります。そもそもの始めから、にせものが鍵ペアを作り、それを使ってデジタル署名を作って送っ

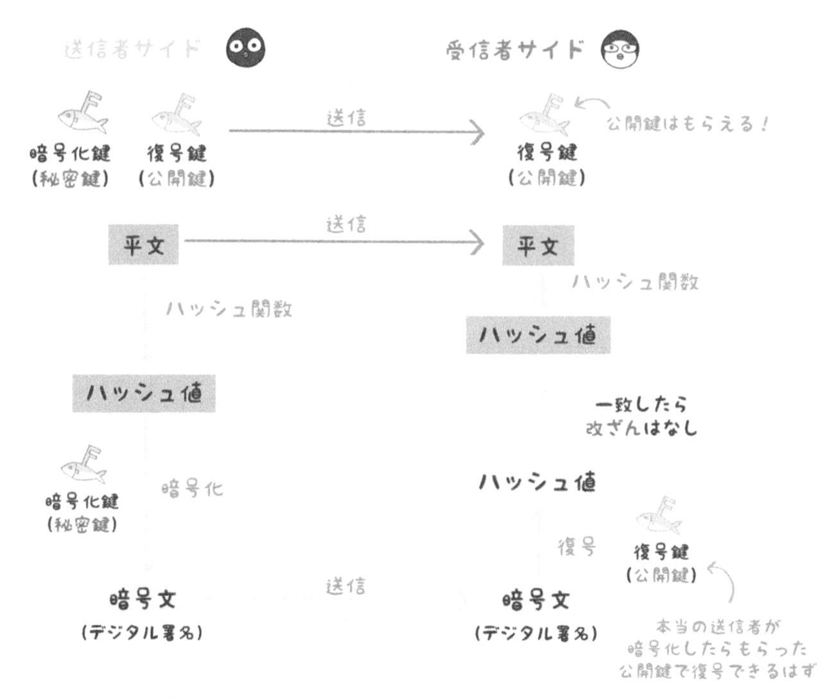

図3.14 改ざんの調べ方

てきた場合です。

この場合、公開鍵を配っているのもAさんのにせものであるため、復号するとデジタル署名の検証は一致します。本物だと判定してしまうわけです（**図3.15**）。

これは現実のハンコにも存在している脆弱性で、三文判などは誰でも買えますから、にせものが自分のハンコを押した書類をどこかで作っている可能性は否定できません。そこで、印鑑登録のようなしくみが登場するわけです。印鑑登録では、身分証と印鑑を持参して役所に行くことで、その印鑑が確かに自分の印鑑であることを証明してもらうことができます。公平な第三者機関である役所が、その印鑑は確かに本人に帰属していると証してくれるのです。

この発想が活かされたのが、**デジタル証明書**です。自分の公開鍵が本物であると証明したい送信者は、公開鍵と身分証を**認証局**（**CA**）に送ります。認証局は公正な第三者機関で、印鑑登録と違って役所以外にも民間企

図3.15　デジタル署名の弱点

業などが参入しています。

認証局は身分証などを確認して、確かに本人であるとわかると（企業として証明を取得することもあります）、送られてきた公開鍵に有効期限などの情報を付加して、自分の秘密鍵で署名します。これがデジタル証明書です。

署名入りのデータを送りたい送信者は、受信者に対して認証局に発行してもらったデジタル証明書を送信します。受信者は入手したデジタル証明

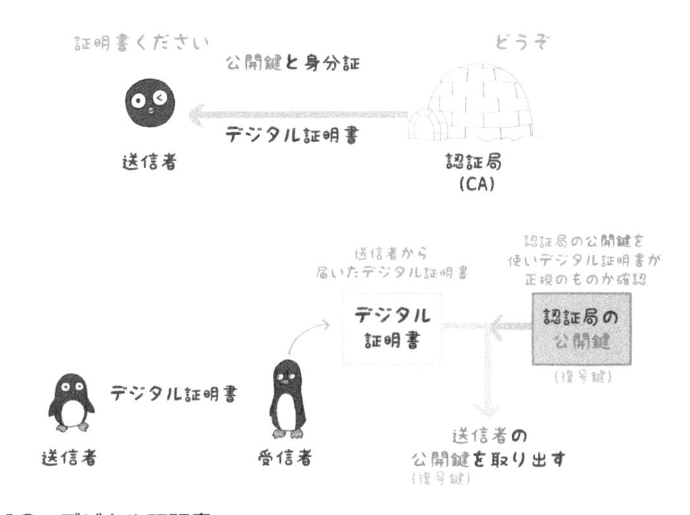

図3.16　デジタル証明書

書から、認証局の公開鍵を使うことで、送信者の公開鍵を取り出します（**図 3.16**）。

認証局の公開鍵を使って検証するので、デジタル証明書は確かに認証局が発行した正規のものだとわかります。そして、そこから取り出した送信者の公開鍵は、認証局が身分証などで確かめていますので、確かに送信者本人の公開鍵です。

もちろん、疑おうと思えば、「認証局がにせものかもしれない」、「検証に使った認証局の公開鍵が本物だとどうしてわかるんだ」と疑えるのですが、主要な認証局の公開鍵は出荷段階でブラウザに組み込まれていて、デジタル証明書の検証をすることができるようになっています（**図 3.17**）。

近年は通信の信頼性が重要視されているので、多くの Web サーバが通信時に**サーバ証明書**を送るようになってきています。たとえば、A 社の Web サイトを見に行くと、サーバ証明書が送られてきて、攻撃者が作ったにせものサイトでないことを証明します。

サーバ証明書の取得にはいくつかの段階があって、ドメインが存在しているかどうか、会社が実在しているかどうかといったチェックが認証局によって行われます。その中でも最も厳しい EV 認証をパスした証明書を使っている Web サイトと通信しているときは、ブラウザのアドレス欄が緑色になったり、企業名が表示されるなどして、安全な通信であることがアピールされます。

図3.17 ブラウザに組み込まれた証明書

ハッカーの手練手管

サイバー攻撃の方法

セキュリティは、守る方も攻める方も勉強が欠かせません。しかし、一般論として攻撃する人のほうがよく研究しています。攻撃者がどのような手口で私たちの情報システムを狙ってくるのか、さまざまな角度から取り上げ説明していきます。システムへの攻撃は、高度な技術を駆使したものばかりとは限りません。人の油断や盲点を利用したソーシャルエンジニアリングもあり、とても身近な脅威となっています。

4.1 侵入の経路や手口

あの手この手で攻めてくる。サイバーな手段とも限らない

ソーシャルエンジニアリング

サイバー攻撃というと、高度な情報技術を駆使してパスワードを窃取したり、目標とするサーバに不正侵入したりするイメージがあります。しかし攻撃者にとってコストパフォーマンスがよく、実行も容易なのが**ソーシャルエンジニアリング**です。

ソーシャルエンジニアリングは社会工学的手法などと訳される場合もありますが、高度な情報技術などを用いず、人間の錯覚や心理的間隙につけ込むやり口だと捉えておくと、実態に即しています。

たとえば、**ショルダーハッキング**と呼ばれるソーシャルエンジニアリングの代表的な手口は、ATMやキオスク端末で人がパスワードを入力しているところを、ちょいっと肩口からのぞき込むので、この名前がついています（**図4.1**）。攻撃者にしてみれば、特別な準備もいりませんし、繰り返しトライすることができます。失敗しても言い逃れがききそうです。ATMについているバックミラーは、ショルダーハッキングを防止するためのものです。

これがもう少し高度になると、感熱センサーを使ってタッチパネルを操

図4.1　ショルダーハッキング

作した指の軌跡を再現する技術などに発展していきますが、ソーシャルエンジニアリングの領域は逸脱しそうです。

スキャベンジングは、直訳すると「ごみ箱あさり」です。実際、ごみ箱は情報の宝庫で、パスワードや顧客情報などのすぐに悪用がきく情報が捨てられていることがあるのはもちろん、社内の人にとっては当たり前だったり、価値が感じられずに安心して捨てた書類などでさえ、攻撃者にとって大きな手掛かりになったりします。たとえば、会社でふだん使っている書類のフォーマットが入手できるだけでも、偽書類を作って標的型攻撃（後述）などを行うことが容易になります。

上司など、逆らいがたい立場にある人になりすまして、機密情報を聞き出す手口も典型的です。ターゲットに電話をかけ、「いま取引先で契約が成立しそうなんだが、パスワードがなくて困っているんだ。教えてくれ」などとやります。正規の業務手順では電話越しにそんなものを教えることはできない、と担当者が断ろうとすると、「契約が不成立になったらお前の責任だぞ」などとどやしつけます。

権威を振りかざして報復を予感させたり、時間的逼迫を演出して、ターゲットを焦らせることも常套手段です。冷静な判断ができなくなって、本来そんなことをしてはいけないと十分に理解しているはずの行動を取ってしまうことがあります。振り込め詐欺（オレオレ詐欺）などの特殊詐欺（電話やSNSなどを使って、対面せずに行う詐欺）は、この手口の変奏曲と言えるでしょう。たいせつな家族が窮地に追い込まれ、いま決断すればそれを救うことができるとそそのかすことで、何重にもターゲットを焦らせるしくみが講じられています。

マルウェア

悪意のある動作、利用者が意図しない動作をするソフトウェアを**マルウェア**と呼びます。**コンピュータウイルス**の方が一般的かもしれませんが、ウイルスは正確には何かのアプリケーションに寄生して悪さをするタイプのソフトウェアです。たとえばExcelに寄生するウイルスは、そのコンピュータにExcelがインストールされていて初めて悪さをすることができます。そうした寄生先なしに、独立して困った振る舞いをするものは**ワーム**と呼んで区別します。

このように悪意のあるソフトウェアにはたくさんの分類がありますが、コンピュータウイルスはインフルエンザなどのウイルスにたとえたネーミングがよかったのか、もともとの意味を超えて「悪意のあるソフトウェア全般」を指す言葉としても使われるようになりました。しかし、言葉の意味がはっきりしないのは望ましい状態ではないので、「悪意のあるソフトウェア」全般を表す用語として、「マルウェア」を主に使おうとする動きが広まっています。

マルウェアは、**自己伝染機能**、**潜伏機能**、**発病機能**のいずれかを持つソフトウェアとして定義されています。

自己伝染機能は自分のコピーを作って感染を拡大する能力のこと、潜伏機能は新たに感染したコピー先で、しばらく悪さをせずにおとなしくしている能力のこと、発病機能は実際に悪さをする能力のことです（**図 4.2**）。

潜伏機能は少し不思議に思えるかもしれませんが、たとえばインフルエンザウイルスも感染してから発病するまでに時間がかかります。それは、感染した人がすぐに重篤な症状になると、寝込むなどして他の人に感染が広がらないからです。これはウイルスの拡大戦略にとってマイナスです。ですから、感染したにもかかわらず、しばらく元気に活動してもらって、出かけた先で他の誰かにうつして欲しいのです。マルウェアも考え方は同じで、感染してすぐにOSが壊れたりすると、ウイルスはそれ以上世の中

自己伝染機能

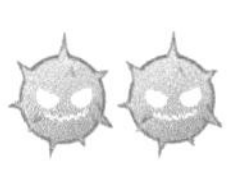

増殖する！

潜伏機能

感染してませんよ～

発病機能

感染してました…

図4.2　マルウェアが持つ機能

に広まらなくなるわけです。

発病機能には、本当にいろいろなバリエーションがあります。過去には、画面上をゴキブリの絵が這いずり回るコックローチウイルスなどがありました。そのように派手なものではなく、むしろ利用者の気付かないところで個人情報を漏洩させるものや、攻撃者の指令を待って迷惑メールの送信などを肩代わりするもの（ボット）もありますし、パソコンをロックして「再び使いたければ身代金を払え」と要求してくるもの（**ランサムウェア**）も登場しました。

基本的な流れは、ウイルス作成動機の金銭目的化です。最初期のウイルスは利用者をびっくりさせたり、情報技術を誇示するものが多かったのですが、パソコン利用者数の増大にともなって、ジョークからお金目的へ、個人で作るものから組織で作るものへと変化しました。

マルウェアの感染ルートは多岐に渡りますが、その大部分を占めるのがメールです。メールに添付する形でマルウェアが送られてくることは極めて一般的に行われている攻撃ですので、セキュリティ対策ソフトのチェックなしには絶対に開かないようにしましょう。

また、USB メモリなどを介した感染も無視できません。変わった手口としては、マルウェアを仕込んだ USB メモリを敷地に放り込んでおき、善意の第三者が落とし主を探すために PC に挿すのを待つといったものがあります。

4.2 脆弱性につけ込む攻撃

弱点をできるだけなくすのが、現実的なセキュリティ対策

ポートスキャン

ポート番号とは、コンピュータの内部で動作しているソフトウェアを識別するための数値でした。インターネット上で動作しているコンピュータだと、IP アドレスでどのコンピュータなのかを特定し、ポート番号でそのコンピュータ内のどのソフトウェアなのかを特定して通信を行います。「2000 番のポートに接続しているソフトウェアと通信したい」といった感じです。

しかし、そのコンピュータで使っているソフトウェアすべてが通信する必要はありません。その場合、そのポート番号を指定した通信が送られてきても返事をしないようにします。これを「ポートを閉じる」と表現し、外部からの攻撃に対して弱点を減らすことができます。

図4.3では、2000番のポート番号を持つソフトウェアは外部と通信する必要がないので、ポートを閉じることで余計な弱点を外部にさらさないようにしています。3000番のソフトウェアは外部と通信するのが目的のソフトなので、あえてポートは開いておくといった具合です。

ポートを適切に閉じたり開いたりすることで、コンピュータの安全性を向上させることができますが、中にはちゃんと設定せず外部に対して開く必要がないポートを開いているコンピュータもあります。

それをあぶり出す手法が**ポートスキャン**で、0〜65535番まですべてのポートに対して通信を送ったり、あるいは主要なソフトウェアが占有する、いかにも開かれていそうなポートに絞って通信を送るなどします（**図4.4**）。

ポートスキャンはコンピュータに対する攻撃そのものというよりも、攻撃準備の性格を持っています。開いているポートがわかれば、少なくともそのポートでは外部からの通信を受け付けているので、攻撃する余地があると判断できるのです。

たとえば、そのポートに脆弱性のあるソフトウェアが接続されていて、「×××のデータを送りつければ、誤作動を起こせる」とわかっていれば、

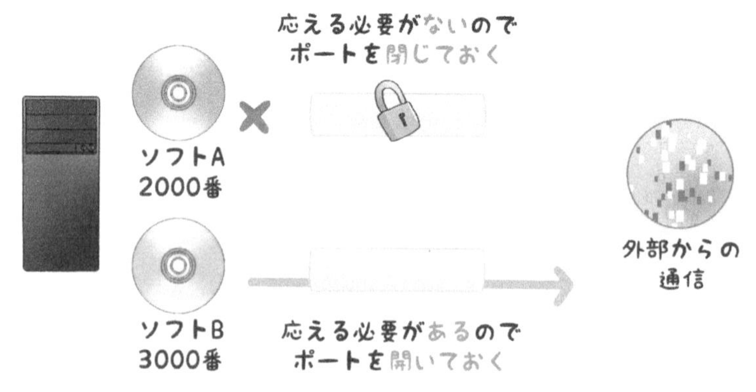

図4.3　ポートの開け閉め

図4.4 ポートスキャン

すぐに攻撃を成立させることができます。

バッファオーバーフロー

バッファオーバーフローは、システムやソフトウェアを攻撃する典型的な手法の1つです。バッファとは、ここではデータを収めておく領域のことで、投入するデータをそこから溢れさせることで、誤作動を起こさせたり、コンピュータの動作を乗っ取ったりすることが可能になります。

例として、氏名の入力を受け付けるソフトウェアを想像してみてください。コンピュータの記憶領域に氏名を記憶しておくための場所を確保しなければなりませんが、無限大の場所を押さえておくわけにはいきません。「氏名なんだから、10文字ぶんくらい取っておけばいいかな？」というふうに、上限を定めておきます。

その領域に対して、間違いや悪意をもって10文字を上回る大きなデータが投入されると、確保していた領域から溢れてしまうことになります。これがバッファオーバーフローです。

図4.5では、氏名を入れるつもりで予約しておいた領域（バッファ）を上回る（オーバー）データをそこへねじ込もうとして、次に控えている「ディスクに保存を行う命令」側へ溢れ（フロー）てしまっています。すると、「ディスクに保存を行う命令」は上書きされてしまい、正常に実行することができなくなります。

もっと恐ろしい使い方もできます。

図4.6は記憶領域がどんな構造になっているか正確につかんだ上で、コンピュータを思い通りに動かしてやろうとした例です。記憶領域の「氏名

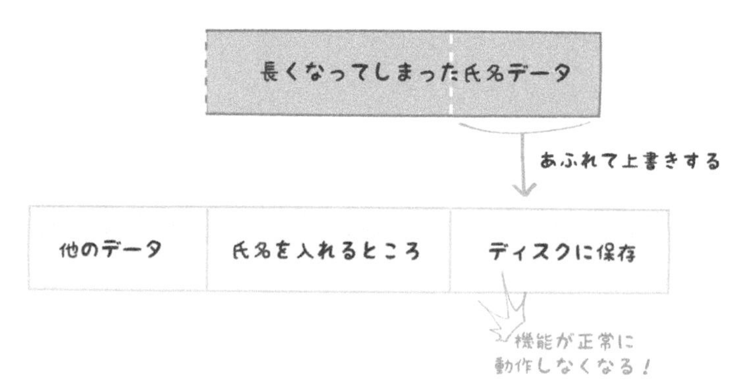

図4.5　バッファオーバーフローの例 その1

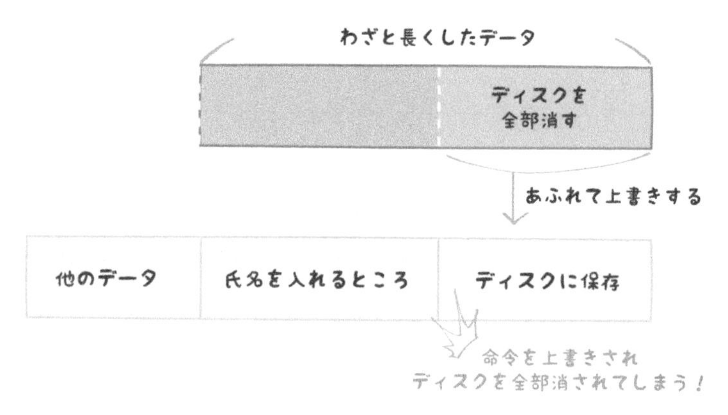

図4.6　バッファオーバーフローの例 その2

を入れるために予約してあった領域」からはみ出るのは一緒ですが、その次に命令（ディスクに保存）があることを見越して、それを「ディスクを全部消す」という命令で上書きしようとしています。

この試みが成功し、本来命令を記憶していた部分に、別の命令である「ディスクを全部消す」が上書きされてしまうと、コンピュータはその通りに動作してしまい、大事なデータを全部消されてしまうかもしれません。

このような攻撃を許さないためには、データのチェックが不可欠です。

特に不特定多数の利用者からのデータを受け付けるWebフォームなどは、常に多くの攻撃に晒されるため、入力されたデータを信用しない設計を行う必要があります。

Webフォームの氏名入力欄にはよく「10文字以内」などの注意書きがしてありますが、律儀に守ってくれる人ばかりではありません。実際に入力されたデータをチェックして、想定した文字数を超えていないか、コンピュータに誤作動を起こさせる特殊文字が混ざっていないかを見極め、もしそれらの不正なデータが含まれていたらエラーを発して処理を止めたり、問題のないデータに加工した上で保存しなければなりません。

こう書くと、簡単な対策のように感じられますが、何十万行、何百万行にもなることがあるソフトウェアのプログラミングで完璧なコードを書くのは至難で、多くのソフトウェアで攻撃者のつけ込む隙があるバッファオーバーフローの脆弱性が発見されています。

もしもそうなった場合の対応策は、ソフトウェアベンダが発表する修正プログラム（アップデート、セキュリティパッチ）を適用することです。面倒くさがらずに、迅速に適用することが求められます。

4.3 負荷をかける攻撃

本来まっとうな行為も、数が増えると迷惑に

DoS攻撃

ある会社や個人の情報システムを攻撃するときに、「単に負荷をかける」やり方があります。パスワードを窃取したり、バッファオーバーフローを行ったりすることに比べると、比較的簡単に実行できるのが特徴です。

「負荷をかける」という表現がピンとこない方もおられるかと思いますが、たとえば会社で使っている電話に何度もいたずら電話をかければ要員は疲弊しますし、お客さんがその番号にかけたときもお話し中になって商談の機会を失ってしまうかもしれません。

こうした攻撃の方法を、負荷攻撃や飽和攻撃などと呼ぶことがあります。相手の処理能力のリミットを超えさせ、正常な業務ができないようにするわけです。

情報システムでも、処理能力を超える通信やサービス要求などが来ると困るのは同じです。人気商品の発売日になかなか予約を受け付けるWebサイトに接続できず、しまいにはWebサイトがダウンして見ることすらできなくなってしまうことはよくあります。これは人々のアクセスが集中しているだけで、誰かの悪意によってそうなったわけではありませんが、意図的にこの状況を作り出すのが**DoS攻撃**（サービス妨害攻撃）です。

DoS攻撃は典型的な飽和攻撃の方法で、対象に定めた情報システムに対して、そのシステムが想定していないであろう規模の通信とサービス要求を行います。攻撃対象がWebサーバであれば、そのWebサーバに対してWebページを表示するよう大量の要求を送りつけます。

Webサーバは、自分のWebページがどのくらい見られるか、需要を計算して性能や容量が決められています。必要以上の性能のコンピュータを用意すると費用対効果が悪くなるので、これは自然なことです。

「1分間に1回くらいのアクセスがあるかな」と想定して性能を決めているサーバに、1秒あたり100回のアクセスがあれば、応答が遅くなったり、サーバソフトウェアがダウンしてサービスを提供できなくなるなどの弊害が起こります（**図4.7**）。

本来、得られるはずだった売上や、コミュニケーションの機会を逸することになるので、攻撃者にとっては業務妨害が成功したことになります。また、そうした事態を回避するために、攻撃対象がサーバや通信回線を増強するならば、無駄な費用を使わせたことになり、それも攻撃者にとっては成功と言えます。

では、攻撃者からの通信を遮断してしまえばいいのでしょうか？　単純にそうとも言えないのが、DoS攻撃の悩ましいところです。なにせDoS攻撃の場合、攻撃者から送られてくる1つ1つの通信は「普通の通信」なの

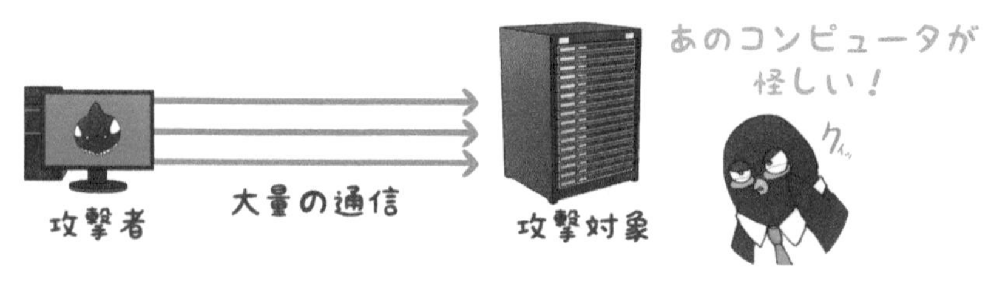

図4.7　DoS攻撃

です。Webサーバに対するDoS攻撃では「Webページを見せて」という、極めて当たり前の通信が送られてくるにすぎません。その部分だけを切り取れば、善意の利用者とまったく同じ通信です。不正なデータを送りつけて、システムに誤作動を起こさせようといった攻撃と比べると、ここが決定的に違います。単に量の問題なのです。

では、大量の通信が発生したときが怪しいかといえば、そうとも限りません。そのときたまたま自社の商品に人気が出て、アクセスが集中しているのかもしれないからです。急にアクセスが増えたからといってうかつに通信を遮断すると、貴重な商機を失ってしまうかもしれません。

1つのアイデアとして、1秒間に同じところから100回のアクセスがあるのはさすがにおかしいので、100回を超えたら遮断するといった閾値を定めるやり方があります。ただ、これにしても、100回と101回の間にどれだけの差があるのかとか、閾値は50回でなくていいのか、いや200回にした方が……などと議論が生じます。

攻撃者が閾値を知れば、それを逆手にとって1秒間に100回のアクセスをずっと続けるかもしれません。101回にならない限り、検知システムは問題にしないからです。首尾良く攻撃者を告発することができても、「製品のことがとても好きだったので、更新情報がないか見続けただけだ」などと言われることもあります。実際に一般消費者も、そのような行動を取ることがあります。どこまでが自然な行動で、どこからが不自然な攻撃なのか、とても切り分けがしにくいのです。

また、もっと対策をしにくくするための、**DDoS攻撃**と呼ばれる発展型の攻撃方法もよく用いられています。日本語では、分散型DoS攻撃と訳します。これは、攻撃に際して大量の踏み台を使うDoS攻撃です。

図4.7のように、100万発の攻撃があったとして、DoS攻撃ではその出所は1台のPCでした。「このPCはおかしいぞ」と気付くことができますし、そのPCからの通信を遮断することも容易です。

しかし、**図4.8**のように、DDoS攻撃では攻撃対象を直接攻撃せず、脆弱性のある公開サーバやPCなどを踏み台（中継点）として利用します。攻撃される側からすると、踏み台にされた1台1台のPCは、ごく一般的な通信をふつうのペースで送ってきているだけに見えます。単に自社のWebサイトに人気がでて、不特定多数のアクセスが増えたようにも思え

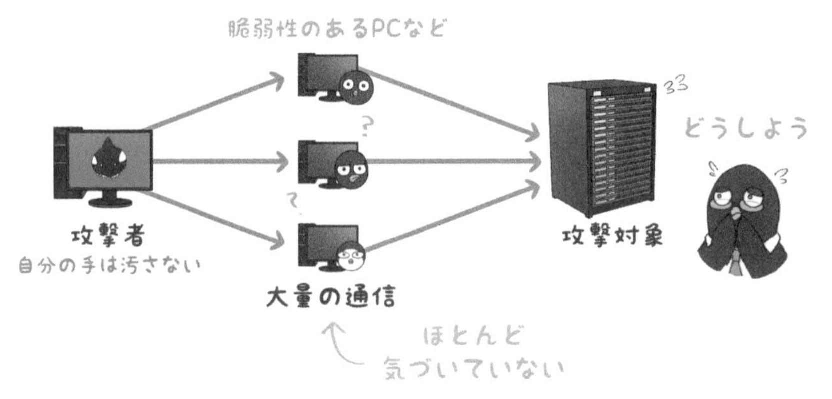

図4.8　DDoS攻撃

るのです。

仮に「この現象はおかしい」と感じたとしても、直接特定できるのは踏み台にされたPCだけです。この人たちは利用されただけで、攻撃者のことを知っていたり、意図的に攻撃の片棒を担いでいるわけではありません。追求しても何も出てこず攻撃者に至れませんし、止めることも難しいです。

攻撃源が1つであれば、そのアドレスからの通信を遮断する措置がとれますが、たくさんの踏み台から攻撃されると1つ1つの通信を遮断していくのはとても骨が折れます。攻撃者はどんどん踏み台を変えてくるかもしれません。

そもそもその踏み台は利用されているだけの一般の人ですから、その人たちからのアクセスを遮断してビジネスの芽を摘んでしまう可能性もあります。めんどうだからと、広域に通信を遮断すると、多くの利用者がそのサイトを利用できなくなり、結局攻撃者の意図であった業務妨害は成立してしまうわけです。

Flood 攻撃

DoS攻撃を行う手段はたくさん提案され、実際に使用されています。報道などで目にする機会が多いのは、**～Flood攻撃**ではないでしょうか。floodは「洪水」や「氾濫」のことですが、大量のデータが送られてコンピュータやサービスが許容する能力から溢れてしまうさまがよく表されています。

たとえば、**Ping Flood攻撃**と呼ばれる攻撃では、業務などでもよく使われる**ping**というツールが悪用されます。pingは通信相手となるコンピュータが正常に稼働しているか、問題なくやり取りができそうかを確認するための簡易な手段です。コンピュータに対して、「ping相手のコンピュータのアドレス」のように命令すると、そのコンピュータに通信を送り、返答があったかどうかを表示します。

図4.9では、「ping www.yahoo.co.jp」として、ポータルサイト「Yahoo!」のWebサーバに通信を送りました（4回）。Yahoo!は無事に返信（応答の文字が4つ見えます）を返し、自分のPCとYahoo!の間で問題なく通信できることを確かめられます。

これを4回ではなく、短い時間で1億回ほども繰り返せば、立派なDoS攻撃になります。pingはとても便利なサービスで、インターネットで広く使われていたために、簡単に攻撃が成立してしまうデメリットがありました。最近のPCやルータなどの通信機器は、工場出荷時の設定ではpingに応答しないようになっていたり、そもそもpingの機能を持たせないなどの対策が進んでいます。

しかし、pingが正しく機能していればシステムを管理する人は楽ができたわけですから、ここでも安全性と利便性がシーソーの関係になっていることがわかります。

もう少しひねった〜Flood攻撃には、**TCP SYN Flood攻撃**があります。TCPはインターネット上での通信の信頼性を向上させるしくみの1つで、Webページやメールのやり取りにも使われています。TCPは色々な

```
コマンド プロンプト
d:¥>ping www.yahoo.co.jp

edge12.g.yimg.jp [183.79.250.123]に ping を送信しています 32 バイトのデータ:
183.79.250.123 からの応答: バイト数 =32 時間 =14ms TTL=51
183.79.250.123 からの応答: バイト数 =32 時間 =13ms TTL=51
183.79.250.123 からの応答: バイト数 =32 時間 =14ms TTL=51
183.79.250.123 からの応答: バイト数 =32 時間 =15ms TTL=51

183.79.250.123 の ping 統計:
    パケット数: 送信 = 4、受信 = 4、損失 = 0 (0% の損失)、
ラウンド トリップの概算時間 (ミリ秒):
    最小 = 13ms、最大 = 15ms、平均 = 14ms
```

図4.9 ping

しかけで通信がちゃんと届くように工夫していて、たとえば通信のスタート時に3ウェイハンドシェイクと呼ばれる手順を実行します。

Webページを見せてもらう場面を想像してみましょう。私たちのブラウザ（ページを見せてとお願いする方。クライアント）から、Webサーバに対して「Webページを見せて」というデータを送るのですが、それに先だって3回のやり取りをします。

それが、①接続要求である**SYN**と②それへの確認応答（**ACK**）＋逆方向での接続要求（SYN）、③②で送られてきたSYNに対する確認応答（ACK）です。3回のやり取りがまるで握手をしているようなので、**3ウェイハンドシェイク**の名前がついています。この手順を済ませたあとに本命のデータを送れば、少なくとも「相手の電源が入っておらず、通信を受け取ってもらえなかった」というふうにはなりません。

ところが、これも悪用しようと思えばできるのです。攻撃者がクライアントとして通信をスタートし、②まで進んだところで、③の返信をせずに止めてしまいます（**図4.10**）。Webサーバとしては、次に③確認応答（ACK）が送られてくるのが当たり前なので、そのためにCPUやメモリ、通信ポートを用意して待っています。待たされると、そのぶんが無駄になるわけです。加えて、どんどん違うポートに対してTCP SYN Flood攻撃を行っていけば、無駄になる資源も膨れ上がります。ポートを消費し尽くしてしまえば、それ以上の通信を受け付けることができなくなります。こ

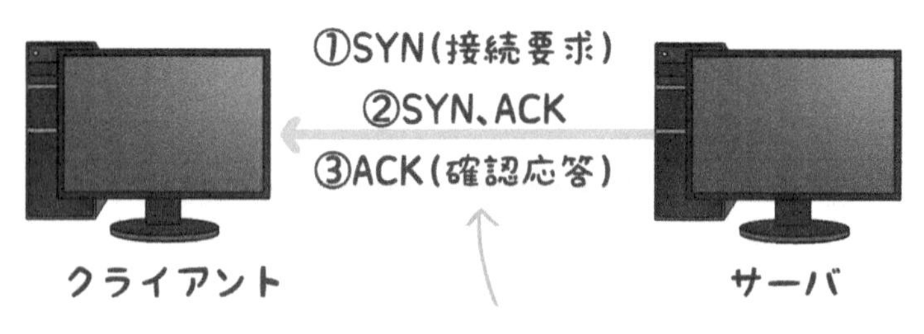

図4.10　3ウェイハンドシェイク

のように、攻撃者は手を替え品を替え、さまざまな攻撃手段を用意しています。

4.4 標的型攻撃

狙いすまして、弱みを突く

標的型攻撃

攻撃者が情報システムを攻撃したいと考えるとき、その方法は大きく2つに分類することができます。**ばらまき型攻撃**と**標的型攻撃**です。どちらも名前で想像がつくと思いますが、ばらまき型攻撃は被害者は誰でもいいという、通り魔のような攻撃方法です。標的型攻撃はその真逆で、最初から特定の会社や人を狙って攻撃を行います。

マルウェア、いわゆるコンピュータウイルスなどは、過去にはばらまき型攻撃が主でした。マルウェアとして改変したアプリをアプリストアなどに登録し、うっかりダウンロード、実行する利用者が現れるのを待つのです。この場合、アプリの種類によって「だいたいこんな感じの人を攻撃したい」とコントロールを試みることは可能です。たとえばゲームアプリを母体にしたマルウェアであれば、たいていはゲーム好きの人が感染するでしょうし、メールでマルウェアを送りつけるときも、この会社の人とか、この地域の人といった絞り込みができるでしょう。

でも、基本的にはなるべくたくさんの人にばらまいて、うっかり者が現れるのを待つのが基本戦略です。ばらまき型攻撃は始めるのにさほど手間がかからない一方、効果が現れるかどうかが運任せです。メールの受信者はいつ添付したマルウェアを開いてくれるかわかりませんし、仮に感染させられたとしても、その人が身代金を潤沢に払ってくれるお金持ちかどうかはわかりません。

そこで、最初から重要な資産や情報を持つ攻撃対象をピックアップして、その攻撃対象のみを攻める標的型攻撃が現れたのです。盗みたい情報や、評判を落としたい企業が定まっている場合、ばらまき型攻撃よりもずっと効率の良い方法です。

標的型攻撃の恐ろしいところは、攻撃の準備期間を十分にとり、攻撃対象への理解を深めた上で攻撃が行われることです。

単に企業Aを狙い撃ちにしてマルウェアや詐欺メールを送りつけるだけでは、標的型攻撃とはいいません。標的型攻撃では、ターゲットの組織図や構成員、人間関係、取引先、社内で使われている文書のフォーマットなどが事前にくまなく調査されます。

調査方法は多岐にわたります。ターゲットの会社の顧客の振りをして、担当者と何度もやり取りし、業務手順や組織内の人間関係、そこで使われる書類などを少しずつ入手していくこともありますし、パートタイムジョブなどでその会社の中に入り込んだり、逆にその会社から人を引き抜いて情報を手に入れることもあります。

この章で学んだソーシャルエンジニアリングもフル活用されます。詐欺メール1つ送ることを考えても、その会社特有の書き口、ロゴ、標準化された文書フォーマットが手元にあるとないとでは、騙しやすさがまったく異なってきます。攻撃者はこうした情報をスキャベンジングなどで収集します。また、マルウェアを利用した攻撃では、その会社を攻撃するためだけに新しくマルウェアを用意することもあります。

セキュリティ対策ソフトは、過去のマルウェアの特徴をデータベース化し、その内容とマルウェアの疑いのあるデータを照合することでマルウェアを発見します。このデータベースのことを**パターンファイル**、または**シグネチャ**といいます。交番によく掲げられている「この顔見たら110番」のようなものだと考えてください。

たとえばメールが送られてくると、セキュリティ対策ソフトはメールソフトがそれを取得する前に横取りし、パターンファイルと照合します。ここで不一致、つまり過去のマルウェアと同一でなければ、安全なものとしてメールソフトに渡します（**図4.11**）。

一見、よくできた手順に見えますが、このやり方には欠点もあります。パターンファイルの更新が疎かになっていて古いものを使っていたり、そもそもメーカーでさえ未発見の新しいマルウェアだと、いくら比較しても送られてきたマルウェアに対応するデータが載っておらず安全なものだと判断してしまう可能性があるのです。

セキュリティ対策ソフトを導入すると、やたらとパターンファイルを更新するように促されたり、電波状態が悪くてパターンファイルが更新でき

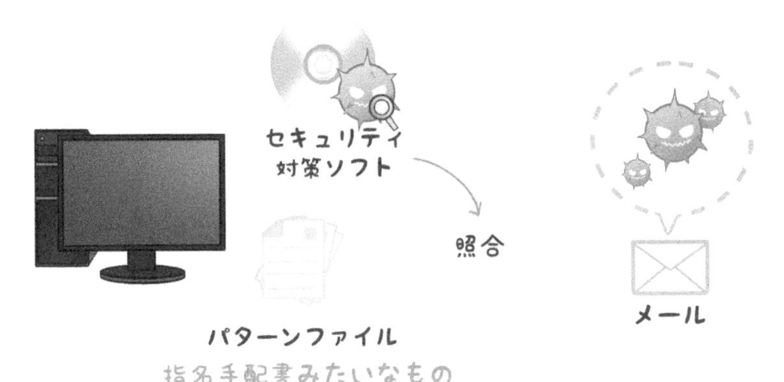

図4.11　パターンファイルによる検査

ないとすぐに接続するように求められたりしますが、この弱点を極力表面化させないための対策だと考えてください。

メーカーもここが弱点であることは十分に承知しているので、近年では未知のマルウェアであっても、振る舞いやコードをチェックすることで発見できるように努力が重ねられています。しかし、未知のマルウェアの発見率は必ずしも高くないのが実状です。

攻撃者はこの点を突いて、新しいマルウェアや、すでに知られてはいるけれどもまだ対処方法が確立されていないマルウェアを使った攻撃（**ゼロデイ攻撃**）をしかけます。もちろん、こうした攻撃にはコストもかかりますが、明確な狙いがある標的型攻撃では攻撃が成功した場合にどのようなリターンが得られるかが事前にわかっていますし、使っているセキュリティ対策ソフトが判明していれば、どのマルウェアならそれを突破できるかも検証しやすいという特徴があります。ゼロデイ攻撃を行うべき下地があるわけです。

標的型攻撃の中でも、特に高度（Advanced）かつ執拗（Persistent）に行われ、脅威（Threat）としての度合いが高いものを、その頭文字を取って**APT**と呼ぶことがありますが、通常の標的型攻撃とAPTの明確な区分はありません。

水飲み場型攻撃

水飲み場型攻撃は、標的型攻撃の変種と言えます。標的型攻撃同様に、攻撃対象の会社や人を入念に調べ上げた上で行うやり方です。

一般的な標的型攻撃と異なるのは、待ち構えるタイプの攻撃方法だということです。たとえば、A さんを攻撃するとして、A さんがふだんからよく使っている Web サイトが B であることをソーシャルエンジニアリングなどで割り出します。

攻撃者は A さんではなく、まずサイト B を攻撃し、これを改ざんします。改ざん内容はさまざまですが、A さんがサイトを見に来たときにマルウェアを自動的にダウンロードするような改変が典型的です。

サイト B が改ざんされた後に A さんがアクセスすると、マルウェアがダウンロードされたり、A さんの PC 内の個人情報が抜き取られたりするしかけです。

A さんも、他のサイトであれば、マルウェアを用心深く回避したり、個人情報の入力や送信を躊躇するかもしれません。しかし、いつも使っていて信頼しているサイトなので、ついマルウェアの実行を許可してしまったり、安心して求められるままに情報を入力してしまうリスクが大きくなります。

そもそも、ブラウザなどの設定を、サイト B に関してはプログラムを自動的に実行させたり、カメラやマイクなどの使用を許可するよう変更しているかもしれません。このように、普段から信頼しているサイトが改ざんされたときの被害は大きなものになります（**図 4.12**）。

ふだん使いしているサイトであっても、パスワードの自動入力などはせず、他の一般的なサイトと同様に警戒して使用するのが重要ですが、実務ではなかなか遵守できない（効率的でない）のが実情です。日常的に使うサイトがきちんとしたセキュリティ水準で運用されているか、入念に確かめておくことも重要です。

社会がインターネットを始めとする情報システムへの依存を深める中で、攻撃者にとっては攻撃が成功したときに得るものが大きくなっています。そのため、大きな資金、時間、手間を投じて常に新しい攻撃方法が考案され、投入されています。

図4.12　水飲み場型攻撃

標的型攻撃にしても、攻撃対象となるような潤沢なリソースを持っている会社を攻めあぐねると、すぐに攻撃対象を系列企業や取引先企業に切り替える手法がとられるようになりました。

攻撃対象が難攻不落でも、その子会社や孫会社、曾孫会社はセキュリティ対策に十分なリソースを割く余裕がないかもしれません。そこを突いて、たとえば孫会社を攻略することができれば、孫会社を踏み台にして、外部から攻撃するよりは容易に本命を攻撃できる可能性が高まります。このような攻撃方法を**サプライチェーン攻撃**といいます。

4.5 その他の攻撃

攻撃者の創意と工夫はすごいことに

セッションハイジャック

セッションとは、一連の通信のやり取りのことです。そのやり取りに途中から割り込んで、乗っ取ってしまうことを**セッションハイジャック**といいます。たとえば、お金を借りるやり取りをしている2人の会話に割り込んで、お金の振込み先を自分の口座にさせることができれば、期せずしてあぶく銭が懐に入ります。セッションハイジャックは色々な犯罪に利用することができる手法です。

連続した通信に割り込んで乗っ取れば、どんな通信でもセッションハイジャックになりますが、セキュリティの分野で登場するときはHTTPのセッション（Webページのやり取り）の乗っ取りを指すことが多いです。Webのやり取りが多く重要な情報が伝送されていること、またHTTPはセッションを管理する能力が低く、乗っ取りの余地があることがその要因です。

Webページはもともと技術文書などを送受信する用途で設計されたため、「一連のやり取り＝セッション」が重視されていません。しかし、インターネットの商用利用が進むと、セッション管理がどうしても必要になってきました。

たとえば、オンラインショッピングで買い物かごに目当ての商品を入れ、支払いのページに進むときには、買い物かごのページから支払いのページに買い物情報を渡すセッション管理を行わねばなりません。しかし、HTTPにはもともとWebページ間で情報を受け渡しする機能がありませんでした。そこで、クッキーやURLへの埋め込み、Webページのhiddenフィールドへの埋め込みなどの手段でセッションIDや**シーケンス番号**（通信のやり取りで使われる通し番号）をはじめとするセッションに関する情報を送り、ページ間で情報を共有します。

攻撃者にこれらを知られると、セッションを管理する権限を奪われてしまいます。それまでにやり取りされた機密情報を読み取られたり、攻撃者にとって都合のいいお金の振り込み先や、購入品のあて先を指定されたりといった不正行為、すなわちセッションハイジャックが成立します。

識別と認証、認可は、セッションの開始段階で行われますから、セッションがハイジャックされると、パスワードを知られていなくても、不正購入などを実行されてしまいます。攻撃者は盗聴や推測によって、セッションIDやシーケンス番号を入手しようとします。

図4.13はネットワーク上の通信を盗聴している様子です。いくつかの**パケット**（伝送に適したサイズに分割した情報）を盗聴すると、シーケンス番号の採番ルールがわかってきます。そこで、**図4.14**のように、シーケンス番号を付与したパケットを割り込ませます。不正なパケットの後に、本物のパケットが着信していますが、セッション上の矛盾点はなかったの

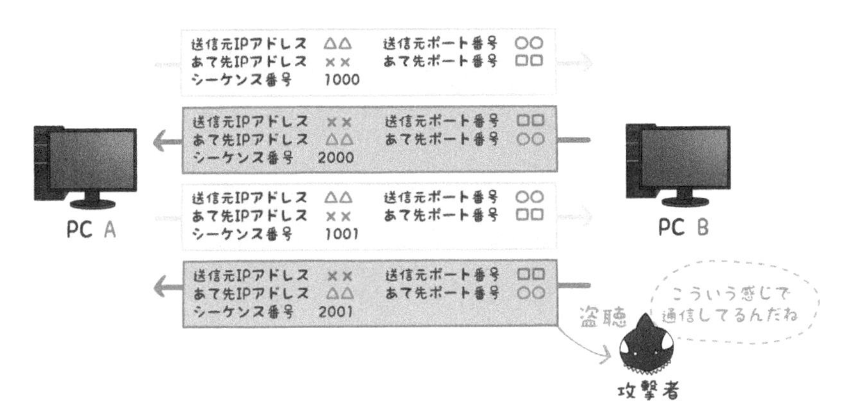

図4.13 ネットワークの盗聴

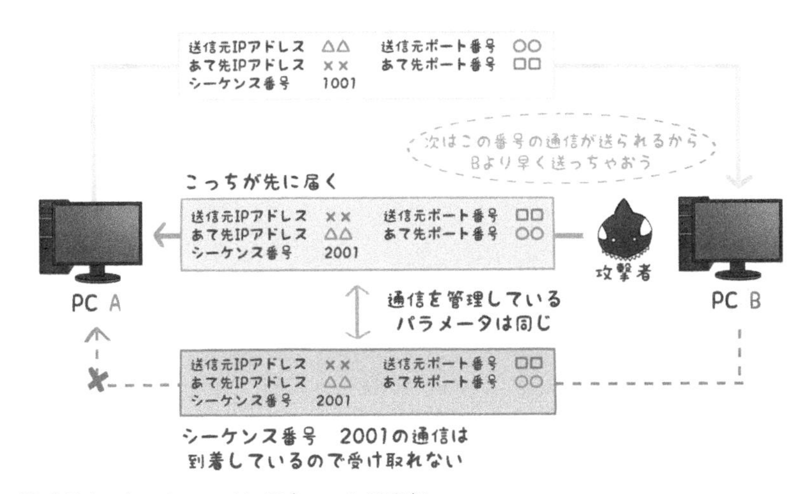

図4.14 セッションハイジャックの実行

で、PC Aはすでに不正なパケットを受け入れています。そのため、後から到着した正規のパケットが破棄されることになりました。

セッションIDをURLへ埋め込んでいる場合は、もっと乗っ取りが簡単です。

http://www.example.com/index.php?ID=0123

具体的には、このような形式でURLへセッションID（0123）を埋め込んで使うわけですが、URLはログにも残りますし、利用者が次に見に行ったWebサイトにも、リファラ情報を通じて知られてしまいます。攻撃者がつけ込む余地がたくさんあるということです。クッキーもしっかりと認証、暗号化を行わないと、盗聴されたり、不正取得される可能性があります。

また、仮に盗聴されなくても、セッションIDの付け方が単純だったり、ユーザIDなどをもとに作られていたりすると、攻撃者に推測されてしまいます。試行錯誤によって探り当てられてしまうこともあります。そのため、セッションIDはランダムかつ複雑なものを用いるようにします。情報をやり取りするポート番号のランダム化も有効です。

関連して、**セッションフィクセーション**という攻撃方法もあります。セッションIDを盗聴したり、推測したりするのではなく、攻撃者自身が作ってサーバに送り、認めさせてしまうのです。攻撃者が指定したセッションIDで固定されることで、いかようにもセッションが乗っ取られてしまいます。

実際に、脆弱性のあるWebサーバでは、クライアントが送ってきたセッションIDをそのまま受け入れてしまうものもありました。Webサーバには、利用者の認証がすんで暗号化通信を始めるときに、セッションIDを付け替えるなどの対策が求められます。

DNSキャッシュポイズニング

DNSは現代のインターネットにとって、とても重要なしくみです。インターネットの正式なアドレスはIPアドレス（例：192.168.0.1）しかありませんが、これを日常的に使いたい人はほとんどいないので、別名であるドメイン名（例：www.kodansha.co.jp）を使っているわけです。

利用者が入力したドメイン名をIPアドレスに解決してくれるのがDNSで、いわばインターネットでの電話帳の役割を担っているということは、第2章でも学びました。しかし、もしDNSが、www.kodansha.co.jpに対応するIPアドレスはxxx.xxx.xxx.xxxだよ！　と教えてくれる情報が間違っていたら、利用者はとんでもないサイトへ誘導されてしまうでしょう。それを人為的に引き起こすのが**DNSキャッシュポイズニング**です。

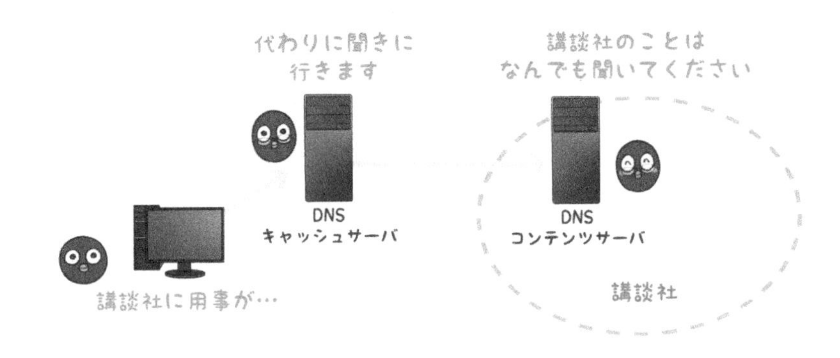

図4.15 DNSキャッシュサーバ

ある利用者がwww.kodansha.co.jpサーバにアクセスしたいなあと思ったら、講談社が用意しているDNSコンテンツサーバに問い合わせをするのが確実です。自分の会社のコンピュータに対する問い合わせですから、最も確実な回答を返してくれます。しかし、1日に何百回も何千回も問い合わせが発生すると、そのぶん通信が発生して、ネットワークやコンピュータの処理能力を圧迫します（**図4.15**）。

そこで利用者は、自分の会社や学校にDNSキャッシュサーバを設置します。講談社ではなく、自分の会社のキャッシュサーバへ問い合わせをするのです。すると、DNSキャッシュサーバは、利用者の代わりに講談社へ問い合わせをしてくれます。これを**再帰問い合わせ**といいます。

この方法のミソは、DNSキャッシュサーバは講談社が教えてくれた内容を覚えておく（キャッシュ）ことです。そうすることで、2回目以降の問い合わせには自分自身が返事をすることができます。何回も講談社と通信する手間とコストが省けますし、講談社のDNSコンテンツサーバにも負荷をかけずにすみます。

もちろん、一度覚えたものをずっと使い続けていると、オリジナルの情報を配信しているDNSコンテンツサーバとのズレが生じてしまうかもしれません。講談社がIPアドレスを変更するかもしれないわけです。そのため、キャッシュした情報には賞味期限が定められています。DNSキャッシュポイズニングは、このしくみにつけ込んだ攻撃方法です（**図4.16**）。

攻撃者のターゲットはDNSキャッシュサーバです。まず、①講談社のIPアドレスをキャッシュサーバに問い合わせます。当然、②キャッシュ

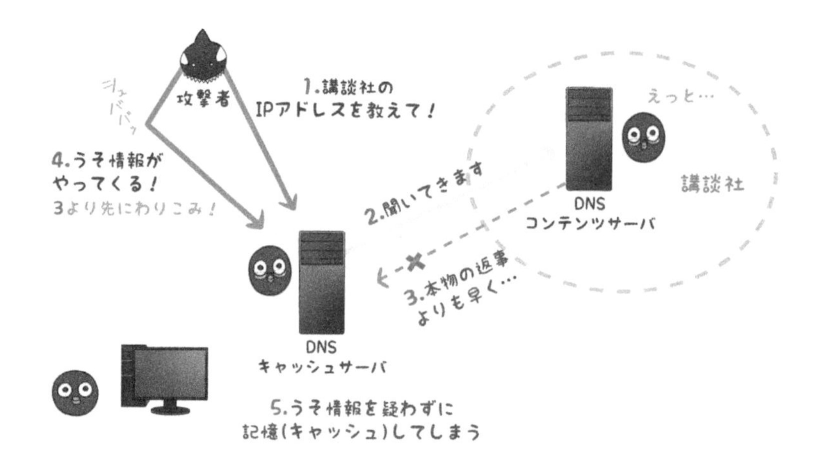

図4.16 DNSキャッシュポイズニング

サーバは講談社のコンテンツサーバにこの問い合わせを転送します。講談社のコンテンツサーバもこれに応えて、③正しいIPアドレスを回答しようとするのですが、狙い澄ましていた攻撃者は、講談社からの正しい返事が来るよりも早く、④うそのIPアドレスをキャッシュサーバに送りつけます。特に対策を施していないキャッシュサーバだと⑤このうそ情報を信じて記憶（キャッシュ）してしまうのです。

キャッシュサーバの視点では、うそ情報を講談社のIPアドレスだと信じていますから、利用者から、「講談社のWebページを見たい」とリクエストされると、キャッシュサーバは⑥このIPアドレスを回答してしまいます（**図4.17**）。

利用者はまさか身内のキャッシュサーバがうそをつくとは思っていませんから、無防備な状態で、これは講談社のサイトだと信じ切って、⑦攻撃者のサイトを見に行ってしまいます。これがDNSキャッシュポイズニングです。

DNSキャッシュポイズニングには、他の面白い使い方もあります。「たくさんのデータを送りつける」は昔からよく使われてきた攻撃方法です。大量のデータを受信すると、そのコンピュータは処理にリソースを割かれ、速度が遅くなったり、停止したりするからです。古くはメール爆弾などが使われました。DNSキャッシュポイズニングを使って、同様のことが

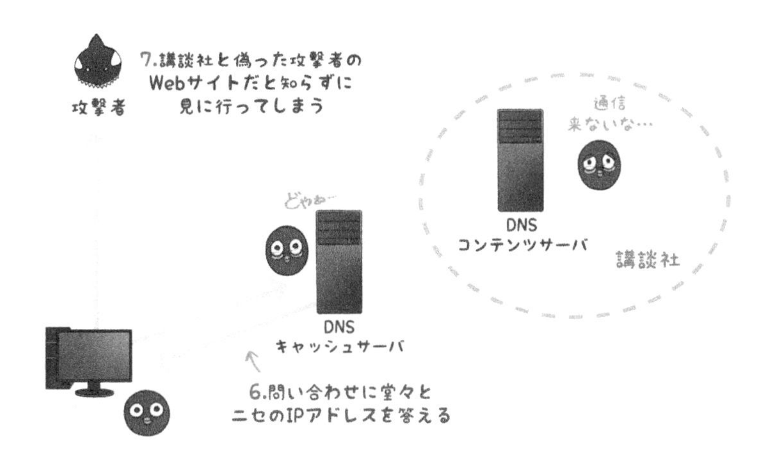

図4.17　攻撃サイトに誘導される

できます。先ほどの手順をなぞって、DNS キャッシュサーバにうその、しかも大きな情報をキャッシュするのです。

DNS のレコードには付帯情報をつけられますから、単に IP アドレスを返答するのではなく、他の情報も加えることが可能です。この部分をとんでもなく大きくしておくのです。そして、攻撃者自ら、送信元をターゲットに偽装した問い合わせを行います。

DNS キャッシュサーバは問い合わせに対して返事を行いますが、その返信先は攻撃者がなりすました xxx.xxx.xxx.xxx アドレスを持つコンピュータ（攻撃のターゲット）です。このコンピュータには突然、身に覚えのない大量の DNS 返答が送られてくることになります。

DNS キャッシュポイズニングを防ぐためには、セッションハイジャックで学んだ「ID の複雑化」や「ポート番号のランダム化」が有効です。ただし、DNS のプロトコル自体があまり人を疑うしかけにはなっていないので、効果はあくまでも「やりにくくなる」程度です。他には社外からの問い合わせに返答しない設定にしておくことも効果があります。

DNS にセキュリティ機能をもたせた **DNSSEC** は対策の本命と言えるものです。DNSSEC はデジタル署名を使うことで、情報の出所が正規のサーバであるかを検証します。ただし、DNS は世界中で使われているしくみなので、すぐにすべてを置き換えるのは難しい状況です。

XSS（クロス・サイト・スクリプティング）

XSSは、広く使われている攻撃方法で、そうした概念や用語にはよくあることですが、意味の拡散が見られます。あれもXSS、これもXSSという状態になっているのです。

知らない人から送られてきたプログラム（アプリケーションソフトウェア、アプリ、ソフト、スクリプト）を動かしちゃまずいことは、一般的にかなり認知されるようになってきました。OSやセキュリティ対策ソフトにも、そうした機能が標準搭載されています。

一方で、プログラムはとても有用なものです。何でもかんでも禁止していたら、コンピュータやネットワークを使うのがとても不便になってしまいます。そこで、信頼するドメインが発行したプログラムであれば動かすことで、2つを両立させています。攻撃者は当然、信頼できるドメインを持っていないわけですが、なんとかして「自分は信頼できるドメインに含まれているぞ！」と偽装して、悪意のあるプログラムを動かしたいと考えます。そのやり方の1つがXSSです。

まず、利用者（攻撃者のターゲット）がいて、利用者が信頼しているドメインがあります（**図4.18**）。利用者はこのドメインのことを信頼しているので、送られてくるプログラムを疑わずに実行します。攻撃者視点では、このドメインを悪用することができれば、不正プログラムを利用者のPCで実行させることができます。そこで、攻撃者は利用者が信頼してい

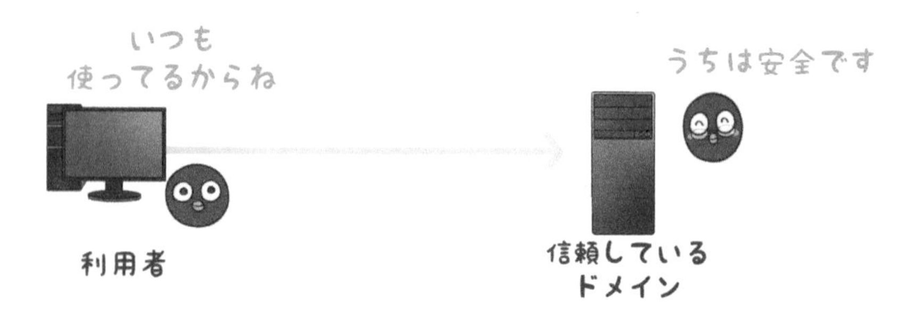

図4.18　利用者とドメインの関係

るドメインのサーバ（Webサーバや掲示板など）を攻撃します。

Webフォームや掲示板では、そのページに文字などを記入できるようになっています。まっとうな文字入力であれば何の問題もないのですが、ここに攻撃者が悪意のあるスクリプト（プログラム）を書き込むと、そのWebページにはスクリプトが混じることになります。知らずにページにアクセスした利用者は、「信頼しているドメインのものだから」と安心してページを取得し、そこに含まれているスクリプトを実行してしまうわけです（**図4.19**）。

ポイントは、「本来信頼されていない人が、信頼されているドメインの威を借りて、不正なスクリプトを実行させる」ことにあります。この手法が登場した最初のころは、掲示板にスクリプト込みのリンク（信頼しているドメインにジャンプする）を書き込む手法がよく使われました。利用者がそれをクリックすると、信頼しているドメインのWebサーバに移動し、同時に（スクリプトが埋め込まれているため）そのスクリプトが混じったWebページが自動的に生成され、利用者のもとに送られてきます。

このように、複数のサイトを行ったり来たりするので、クロス・サイト・スクリプティングと名前がついたのです。しかし、いまは先ほどの説明のように、サイトを行き来しないケースが増えています。こちらのほうが、利用者にリンクを踏ませる手間を省くことができますし、そのサイトを見に来た人全般を攻撃することが可能です。

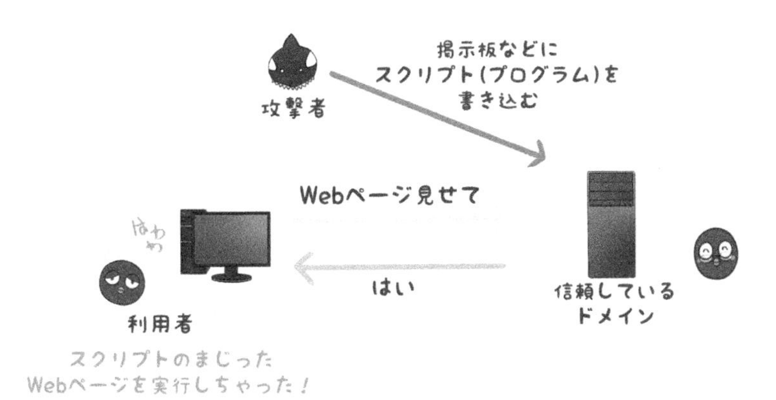

図4.19　XSS

とにかく「信頼しているドメイン」の権限でスクリプトが動けば攻撃は成立するので、サイトをクロスするかどうかには攻撃者も、狙われる側も、重きを置かなくなっています。言葉のイメージに引きずられると勘違いをしてしまうので、注意してください。

他の攻撃方法についても言えることですが、利用者が入力するデータは要注意です。本当は氏名や住所を入力して欲しいのに、そこにプログラムを埋め込んでくるようなことは、攻撃者にとっては常套手段です。悪意がなくても、利用者がうっかり間違ったデータを入力することで、バッファオーバフローや誤作動を起こすこともよくあります。入力されたデータをそのまま受け付けるのではなく、不正なデータが混じっていないか確認する手順を踏むことがとても大事なのだと考えてください。

また、この確認をどのタイミングで行うかも非常に重要です。というのも、「まずいデータ」はシステムごとに違うからです。たとえば、利用者から受け付けたデータをHTMLとして処理したいのか、**SQL**（データベースを動かす言語）の中で使うのか、それによって「危険なデータ」は様変わりします。いくらデータのチェックを行っても、それがHTMLにとって安全かどうかの基準で行われていれば、チェック済みデータをSQLで利用したときに事故が起きるかもしれません。受け付けた時点では、どのシステムで利用するかが決まっていないこともあるでしょうし、古いデータを新しいシステムで活用することもあるでしょう。そのとき、「チェック済みデータだから、そのまま使って大丈夫だ」と早合点しないリテラシを身につけることが大事です。

脆弱性とは、家にあいた大穴だ

セキュリティ対策の方法

攻撃者が勉強し、工夫してくるなら、私たちも防御を固めなければなりません。基本的なファイアウォールから、高度な攻撃を検出するための IDS/IPS、WAF まで、防御のための機器について理解を深めましょう。こうした機器はただ設置するだけでは効果がないので、どういう理屈で動くのかを知っておくことが重要です。思わぬ攻撃や故障から大切なデータを守るバックアップも、業務で行う場合はしかけと工夫が必要です。

5.1 攻撃を検出する

見つけないと、話が始まらない

攻撃の対象を知る

超有名な孫子の一節に、「彼を知り己を知れば百戦殆うからず」があります。この言葉は情報セキュリティにそのまま当てはまります。敵を知るために、皆さんセキュリティの本を読んだりするわけです。

情報資産のところでも述べましたが、意外と忘れがちなのが自分を知ることです。自社にはどんな資産があるのか、どんな脆弱性があるのか知らないままセキュリティ対策に取り組んでいる企業は決して少なくありません。

それでは効果的な対策を立てることは不可能です。高価な不正アクセス検出装置を購入しても、社外とネットワーク接続していない組織では意味がありませんし、電子決済しかしていない企業が偽札検知装置をリースしてくるのも無駄になります。そうならないよう、己を知るために資産管理台帳を作って「大事なもの」を知り、リスク分析を行って、脅威や脆弱性を発見し、その大きさを評価し、比べることを学びました。

お金に対するどろぼうや、什器に対する自然災害などは、昔から意識されていた資産と脅威でした。しかし、情報システムに対する脅威は、企業にとっては比較的新しく出現した脅威ですし、守るべき対象である情報システムそのものが目に見えにくいもの（どこまでの広がりを持ち、どこと結ばれ、その影響がどこまで届くのか）であるため、資産、脅威、脆弱性の把握の段階で躓くことが多いのです。

実際問題として、情報システムのあらゆる部分が攻撃対象になり得ます。サーバ、クライアント、各種通信機器（ルータ、スイッチ、ハブなど）、LAN、Wi-Fi、入退室管理機構、リモートアクセスサーバ、データベースなど、個別に挙げていけばきりがありません。担当者が持ち歩くモバイルPCやスマホ、USBメモリも、当然のように攻撃対象に入ってきます。

それぞれに対応を考えていかなければなりませんが、第5章では主にネットワークごしに行われる攻撃について、対策技術を学んでいきましょう。

不正アクセスを防ぐ構造

ネットワークで行われる不正に対して、最も確実な対策はネットワークを使わないことです。リスク対応でいえば、リスク回避にあたる対策になります。しかし、言うまでもなく、私たちはネットワークの利用から大きな利便性を得ていて、ネットワークの利用を禁止してしまうと、それをすべて諦めなくてはならなくなります。特殊な業務を除いて、現時点でこれは取りにくい施策でしょう。

また、「ネットワーク利用禁止」という実現できなさそうなルールや規程を作ってしまうと、「利用者の抜け道探し」が本格化します。その結果、シャドーIT（第7章で詳しく述べます）などの問題が発生するでしょう。大半の利用者が抜け道を探したくなってしまうような対策は、良い対策とは言えません。リスクをゼロにすることはできず、ある事象でリスクをゼロにしようと頑張り過ぎてしまうと、別のリスクが生じてしまいます。

特に業務でITを利用する場合、社員がインターネット上の情報資源へアクセスするだけでなく、インターネットの不特定多数の利用者に社内の情報資源を使ってもらうことも必要になってきます。Webページを見てもらうにしろ、メールを出してもらうにしろ、ある程度、自社資源を外部の人に開放する場面が出てきます。

そのとき、外部からのアクセスを受け付けるリモートアクセスサーバやWebサーバに認証システムを必ず組み込むことを覚えておきましょう。当たり前のように思えるでしょうが、このことは法律との兼ね合いでも重要です。

不正アクセスを防ぐための法律に**不正アクセス禁止法**があります。この法律では、アクセス制御機能（認証機構のことです）を有するコンピュータに、アクセス権のない人が、なりすましをしたり、脆弱性を突いたり、パスワードを盗んだりすることが罪と定められています。

言葉を換えれば、認証を設定していないコンピュータをいくら攻撃しても「不正アクセス」とはならないので、きちんとした認証のしくみを構築しておくことはとても大事です。

また、Webサーバやメールサーバ、DNSサーバなどの「不特定多数への公開が前提であるコンピュータ」と、秘匿して使うのがふつうの一般的な業務用コンピュータの運用を区別することも重要です。たとえば、公開用のWebサーバを社内LANに置いて、インターネットからそれを見られるように設定するのはとても危険です。

Webサーバはその性質上しかたがないとしても、外部の人に見せる必要のない業務用PCまでも外部からのアクセスにさらされてしまうリスクがあります。

そこで、緩衝地帯である**DMZ**（DeMilitarized Zone＝非武装地帯）を作って、ここにWebサーバやメールサーバ、DNSサーバなど、外部の人に公開するコンピュータを配置します。一方、秘匿すべきデータベースや業務サーバ、業務PCは社内LANに配置します（**図5.1**）。

不特定多数の人はDMZに置かれているコンピュータにはアクセスできるけれども、その先にある社内LANにはアクセスできないようにしておけば、少なくとも社内LANとインターネットを直結するよりも安全に情

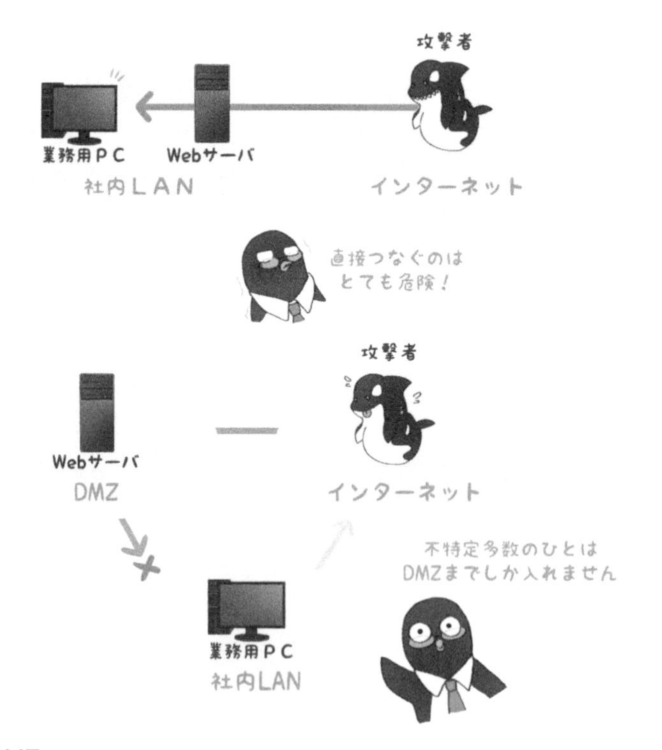

図5.1 DMZ

報システムを運用することができます。

このとき、DMZから社内LANへの通信は、どうしても必要があるもの以外、原則禁止することが重要です。緩衝地帯があっても、DMZから簡単に社内LANへ進めるなら、攻撃者はDMZに置かれたコンピュータを踏み台にして、社内LANを攻撃できます。

5.2 不正アクセスの検知

ファイアウォールだけでは防げない

IDS/IPS

IDS（Intrusion Detection System）とは、侵入検知システムのことです。不正アクセスを発見することに特化した機器になります。インターネットと社内システムを通信によって接続するとき、玄関口にあたる機器はゲートウェイと呼ばれる通信機器です。建物の玄関口に警備員さんを立てるように、ゲートウェイの近くにもファイアウォール（後述）という通信機器を設置し、通過してもよい通信と、通過させない通信の選別をします。

具体的には、Webページのやり取りは許すけれども、ファイル交換は許さないとか、暗号化されたメールは許可するけれども、非暗号化メールは破棄するといった機能です。

これだけでもセキュリティ水準を向上させることができますが、第4章で登場したようなDoS攻撃は防げないかもしれません。DoS攻撃は、Webページのリクエストを100億回送ってきて業務妨害をするような攻撃方法ですが、ファイアウォールの視点でこの攻撃を見ると、「Webページが見たい」という真っ当な要求が100億回来ているだけで、特に問題はないと判断されます。

現在の攻撃手法は複雑かつ高度化しているので、単一の機器ですべてを防ぐことが難しくなっています。それぞれの得意分野を持つ多様な機器が連携してセキュリティのしくみを構築していると考えてください。

IDSは不正アクセスの兆候を発見するのに長けた通信機器です。どんな不正アクセスを見つけたいかで**ホスト型IDS**と**ネットワーク型IDS**にわけることができます。

「ホスト」は、大型汎用コンピュータや飲食店の男性従業員など、色々な意味がある用語ですが、インターネットの世界では、IP アドレスを持ち、IP のルールに準拠した通信が可能な機器は、大型コンピュータもパソコンもスマホもルータも、みんなホストです。

ホスト型 IDS は、特定のホストにインストールして使うタイプの IDS です。**図 5.2** でいうと、サーバ A にインストールして、サーバ A への攻撃を監視します。攻撃されるサーバが明確である場合、大きな効果を発揮しますが、サーバ B やサーバ C への攻撃を検出することはできません。これらのサーバも監視したい場合は、それぞれのサーバに別途 IDS をインストールする必要があります。

ネットワーク型 IDS は、ネットワーク上を流れる通信（パケット）を取得して、不正なアクセスが行われていないか検査するタイプの IDS です。ホスト型より広範囲をカバーして監視することができます。

ただし、その「範囲」には注意しなければなりません。自分が取得できる通信の内容しか検査できませんから、ネットワークの組み方によっては盲点が生じます。図 5.2 では、ルータによって左側のネットワーク A と右側のネットワーク B が分割されています。パケットの流れは、ルータに

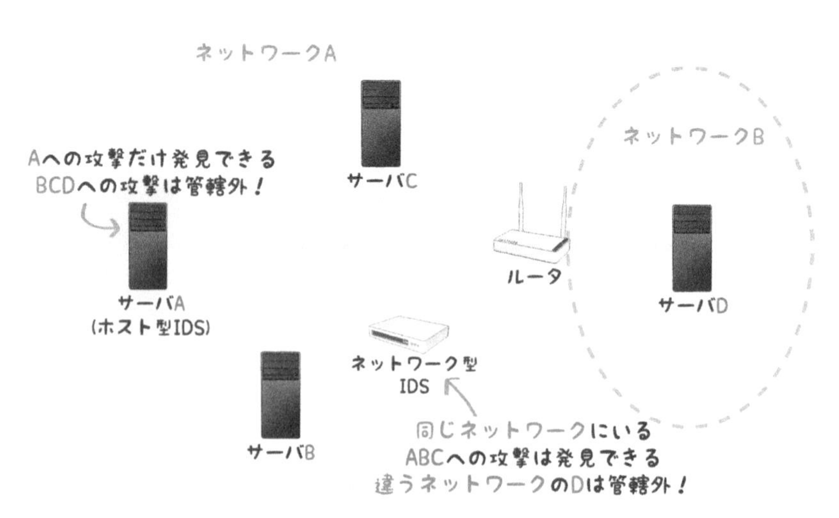

図 5.2 ホスト型 IDS とネットワーク型 IDS

よって分断されますから、ネットワークAに属しているネットワーク型IDSは、ネットワークBを流れている攻撃パケットを取得できません。つまり、その攻撃を検出できないことになります。

IPS（Intrusion Prevention System：侵入防止システム）はIDSを進化させた通信機器です。IDSは不正なアクセスを検知しても、基本的にはアラートをあげて警告するだけです。それに対して、IPSは疑わしい通信を遮断するなどのより能動的なアクションを自動的に起こします。

それだけ聞くとIDSよりIPSの方が良さそうに思えますが、手放しでそうとは言い切れません。自動システムには誤検出がつきものだからです。誤検出にはフォールスポジティブ（安全なのに危険だと判断してしまうこと）と、フォールスネガティブ（危険なのに安全だと判断してしまうこと）がありますが、IPSでフォールスポジティブが頻繁に起こると、とくに危険はないのにちょくちょく通信が遮断されるような事態になります。

これに要員が慣れきってしまって、警告を無視したり、通信遮断を無効化するような措置が常態化してくると、本物の攻撃が行われたときに気付くのが遅れたり、被害が大きくなったりします。

IDSやIPSは、シグネチャと呼ばれる「攻撃用の通信はだいたいこんな感じ」というパターンをもとに、不正アクセスを発見します。攻撃者はこうしたシグネチャを熟知した上で、不正アクセスをしかけてくるので、不正アクセスを見過ごしてしまうこともあります。

そこで、**アノマリ**（Anomaly、逸脱検知）と言って、普通の状態を記録しておき、そこから外れるような通信が行われたときに不正だと判断するようなしくみも採用されています。

5.3 ネットワークからの攻撃に耐える

基本は「鬼は外、福は内」方式。関所を立てる

ファイアウォール

ファイアウォールとは、直訳すると防火壁のことですが、ネットワークの境界線上（たとえば社外と社内の境目）に設置し、通過させる通信とさせない通信の選別をする通信機器を指す用語です（**図5.3**）。

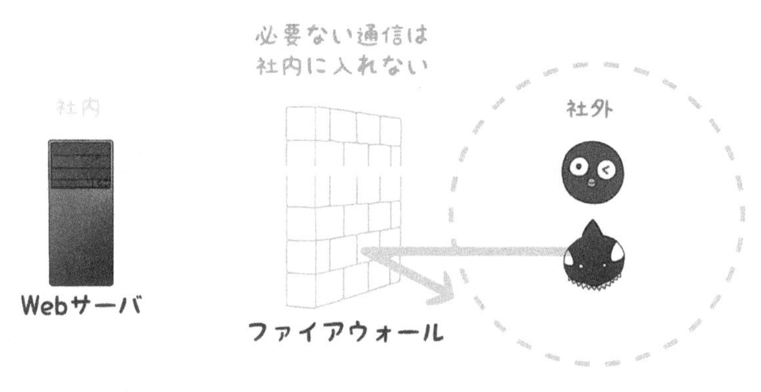

図5.3 ファイアウォール

ファイアウォールは、OSI基本参照モデルでいうと、第3層や第4層の情報を使って通信の可否を判断します。インターネットで使われているプロトコルでは、IPアドレスやポート番号がこれらの情報に該当します。

第2章の2.3でも説明しましたが、IPアドレスはホストごとに割り当てられる番号で、新聞などではよくインターネット上の住所などと説明されます。たとえば、怪しい会社が192.168.0.0〜192.168.0.255の範囲のIPアドレスを持っていて、その会社からよく攻撃を受けるぞ、とわかっているならば、送信元が192.168.0.0〜192.168.0.255のIPアドレスから送られてくる通信はみんな遮断してしまえばよいのです。

でも、これでコントロールできるのは、「コンピュータ単位」の脅威だけです。IPアドレスはコンピュータごとにつけられる番号ですから、「いいコンピュータ」と「悪いコンピュータ」の切り分けには十分な効果を発揮しますが、たとえば「同じコンピュータからの通信でも、Webページの要求には応えるが、メールはダメだ」といった用途には使えません(**図5.4**)。

ここで出てくるのがポート番号です。ポート番号は、主にソフトウェアの識別に使われる番号でした。いまのコンピュータは、1台のなかで多くのソフトウェアが動いていますから、IPアドレスだけではどのソフトウェアを送信元／送信先にした通信かはわかりませんでした。だから、メールの送信を受け付けるソフトウェアは25番、Webページのリクエストに応えるソフトウェアは80番などと番号をつけたわけです。

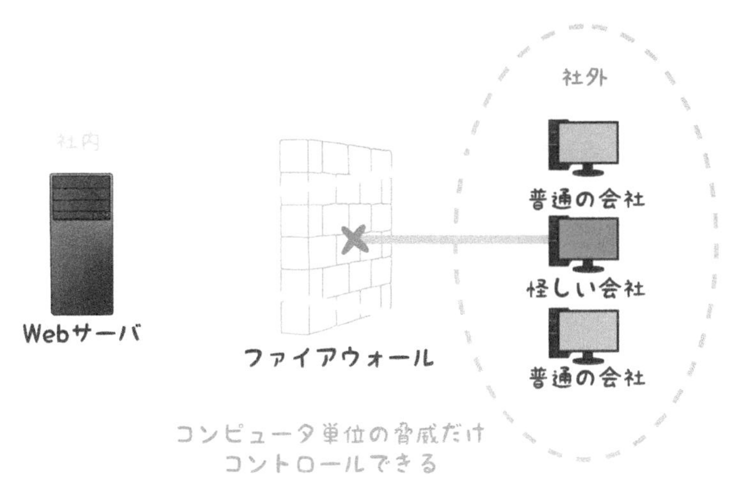

図5.4 IPアドレスによる通信のコントロール

先ほどの例でいうと、「Webページの要求には応えるが、メールはダメ」としたいのであれば、80番ポートへの通信は通過させ、25番ポートへの通信は拒否をすれば、それが実現できます。

実際には、もっと詳細な情報を使って、よりきめの細かい通信管理をしたい場合もあります。そうした機能を実装した機器は、ファイアウォールではなく、別の名前で呼ばれることがあります。

WAF、ゲートウェイ

ファイアウォールは、通信の可否を判断する機器だと学びました。ネットワークのセキュリティ対策を行う上で、基本的な機器です。IPアドレスやポート番号を使って、「うちの会社はどんな通信は受け入れ、どんな通信は拒絶するのか」を体現する働きをします。

しかし、現実の運用では、さらにきめの細かい処理が必要になってくることもあります。たとえば、IPアドレスやポート番号といった基本的な情報ではなく、OSI基本参照モデルの第7層（各アプリケーションごとのプロトコル）に属する情報を使って、各アプリの事情にあわせて通信の可否を判断するような場合です。

最上位階層である第7層の情報にまで踏み込んで、その意味を解釈でき

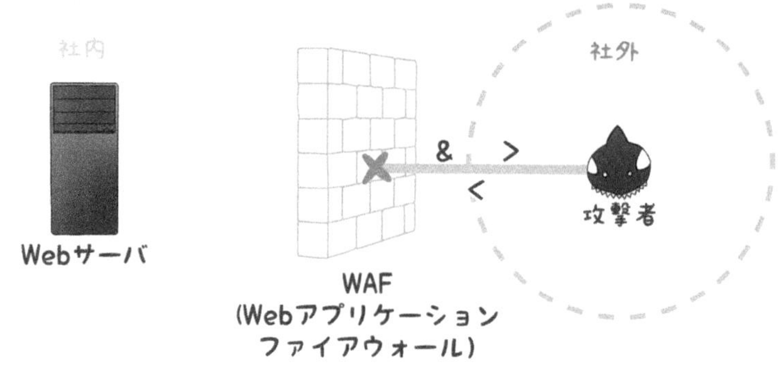

図5.5 WAF

る通信機器のことを**ゲートウェイ**と呼びます（ゲートウェイには色々な意味があるので、ちょっと注意が必要な用語です）。

ゲートウェイのなかでも、Webサーバを守るために、Webサーバのしくみを知り尽くし、「Webサーバ的には、こんな情報が送られてくるととても困る。だから遮断しよう」と振る舞うことができる機器のことを、**WAF**（Web Application Firewall）と呼び、多くの企業が導入しています。

たとえば、Webページを作るための言語であるHTMLでは、＆や＜、＞は特別な意味を持っていて、迂闊に受け入れると思わぬ誤作動をしてしまうことがあります。もちろん攻撃者はこうしたことを熟知していて、よくWebページに掲載されているWebフォーム（住所や名前などを記入するテキストボックス）に、こうした特殊文字を入力してWebサーバに送りつけてきます。

一般的なファイアウォールは、IPアドレスやポート番号で通信の可否を判断するため、Webサーバ向けの通信に＆や＜が含まれていても、それを見つけて遮断することはできません。そうした用途に特化した通信機器がWAFというわけです（**図5.5**）。

Webサーバの保護が最も需要があるため、WAFという名称が特に与えられて商品として流通しているわけですが、メールサーバを守るゲートウェイやデータベースを守るゲートウェイがあっても、もちろん構いません。

プロキシサーバ

プロキシとは代理という意味です。**プロキシサーバ**は、文字通り通信の代行を行ってくれるサーバです。

図 5.6 は典型的な例です。ある会社が PC a〜c を持っていて、それぞれの PC が Web サーバにアクセスして Web ページを見ようとしています。そのとき、PC a〜c は直接、社外の Web サーバにアクセスするのではなく、社内のプロキシサーバを経由してアクセスを行い、Web ページを取得します。

なぜこんなに面倒なことをするのか疑問に思われるかもしれませんが、この方法にはいくつかのメリットがあります。

1 つめのメリットは、通信の効率が向上することです。PC a〜c が同じ Web ページを見たい場合、同じリクエストが Web サーバへ送られ、同じ Web ページが返信として送られてきます。貴重なインターネットの通信回線が、同じデータのやり取りに使われているのです。

プロキシサーバを経由する方式では、たとえば最初に PC a からのアクセスがあった場合、その通信を中継してあげたプロキシサーバは、Web

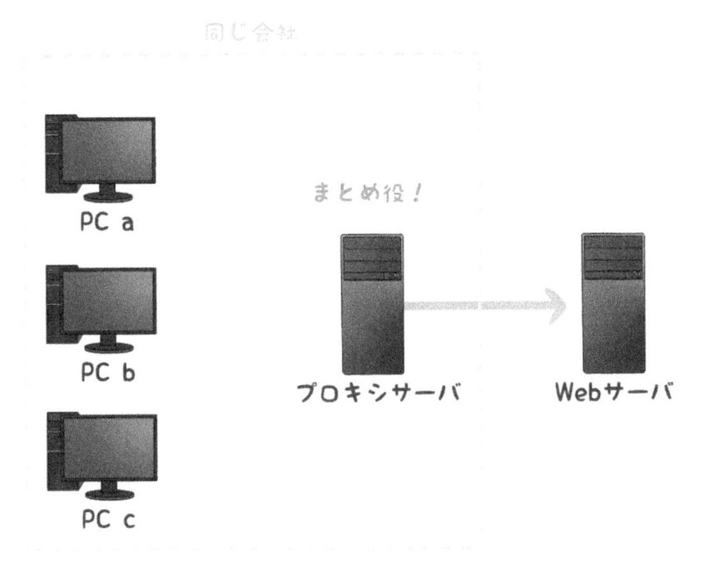

図5.6 プロキシサーバ

サーバから取得してきたWebページを自分の中にも一時保存（キャッシュ）しておきます。そして、続くPC b〜cのアクセスでは、もはや通信の中継はしません。同じリクエストをWebサーバに送り、同じ返答が返ってくることが目に見えているので、自分が保存しておいたキャッシュの中からWebページを取り出して返事をしてしまいます。

そうすることで、無駄なインターネットへの通信が発生しませんし、Webサーバへ行って折り返してくる時間も節約できるので、PC b〜cにとっては応答時間が速くなる効果もあります。

もちろん、この方式だと、オリジナルのWebページが保存されているWebサーバ側で情報が更新され、プロキシサーバにあるキャッシュのデータが古くなってしまうことが考えられます。したがって、キャッシュ内のデータには有効期限を定めておくのが一般的です。

2つめのメリットは、セキュリティ水準の向上です。PC a〜cがWebサーバに直接通信する形式では、Webサーバ側にさまざまな情報を与えてしまいます。「ほほぅ。あの会社にはPC a〜cがあって、IPアドレスはXとYとZなんだな」とわかってしまうわけです。

しかし、プロキシサーバを経由する形式では、Webサーバにはプロキシサーバが通信してきたという事実しかわかりません。プロキシサーバのIPアドレスは伝わっても、PC a〜cのIPアドレスは謎に包まれたままです。仮にWebサーバを悪意の第三者が運用していた場合でも、与える手掛かりが少なくなるのです。

シングルサインオン

シングルサインオン（**SSO**）は、めんどうなログイン手続きを一括処理する方法です。パスワードや二要素認証を使ったログイン手続きが煩雑なことはすでに議論しました。ますます多くのサイトやサービスが登場する中で、これは非常に大きな欠点です。

そこで、一度ログインをしてしまえば、二度目以降のログイン処理が必要なくなるサービスが重宝されています。それがシングルサインオンです。

シングルサインオンの実現方法には、いくつものバリエーションがあります。最初にリバースプロキシを使った方法を紹介しましょう。

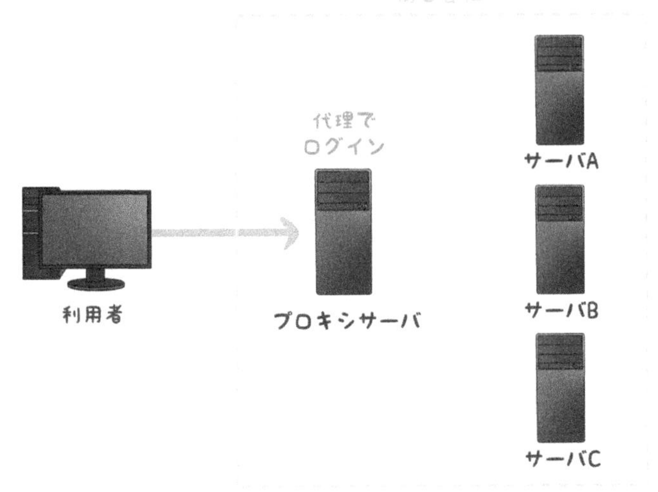

図5.7 リバースプロキシ

リバースプロキシは、先ほど説明したプロキシサーバを応用したやり方です。

たとえば、3つのサービスを展開している会社があって、利用者がそのサービスを使いたいとします。ふつうに考えれば、サーバAにも、BにもCにもログインをしなければなりません。とてもめんどうです。

そこで、その会社のリバースプロキシにログインをします。すると、サーバAやサーバBにログインが必要になったときに、プロキシサーバが代理でログインをしてくれます（**図5.7**）。

ログインの処理は各サーバに対してちゃんと行っているのですが、利用者から見ると最初に1回リバースプロキシにログインしておけば、後のログインはすべて代行してくれるので、だいぶ手間が省けます。

基本的なプロキシサーバの使い方（Webサーバに代理アクセスするようなやつ）と比べると、設置する場所やアクセスのしかたが逆に見えるので、リバースプロキシと呼んでいます。

パスワード管理サービスを使う方法もあります。リバースプロキシは、基本的には同じドメイン、同じ会社に対して行うシングルサインオンの方法です。でも、違うドメインや違う会社に対しても、シングルサインオンを使いたくなるのが人情です。

これにもいくつかやり方がありますが、セキュリティ対策ソフトなどに付加されているパスワード管理サービスが広く使われています。パスワード管理サービスが、サーバ、ユーザID、パスワードを記憶していて、各サーバからログイン要求があると、利用者にかわってユーザIDとパスワードを答えてくれます。

パスワード管理サービスは、自分のPCにインストールされていることもありますし、インターネット上に配置されていることもあります。原理的には、あらゆるサイトに対して使うことができるので便利ですが、そもそもパスワード管理サービスをそんなに信用していいかどうかの問題があります。

パスワード管理サービスを信用しきっていて、すべてのパスワードを預けていたら、情報漏洩を起こしたり、情報が消えてしまったり、ときにはサービス自体が突然終了するなどの事故は実際に起こっています。

ユーザIDやパスワードという認証情報の中核部分を預けることになるので、そのサービスに自分の生殺与奪権を握られるのだ、くらいの認識で利用する必要があります。パスワードの漏洩など起こされたら目も当てられませんし、パスワードが消えたり、急にサービスが終わったりしても、日常生活に大きな支障が出るでしょう。

パスワード管理サービスは、決してリスクがゼロになる魔法の施策ではありません。利用したり、推奨したりする声は、「リスクはあるものの、結局のところ自分で全部管理するよりもリスクは小さくなるし、利便性も高い」という判断のもとに行われているのだと理解しておきましょう。

また、GAFAなどの巨大IT企業のユーザIDとパスワードが、そのまま別のサイトやサービスでもユーザIDとパスワードとして利用できるケースが増えています。これも、一種のシングルサインオンであると言えるでしょう。メリットとデメリットは、パスワード管理サービスを利用する場合と、概ね一緒です。

5.4 公共の場所を安全に使う

専用にすると安全だけど、お金がかかる

VPN

外部の組織と通信を行う場合、なんといっても安全なのは専用線を使うことです。A 社と B 社の間に専用の通信回線を開設し、他の会社や利用者はまったく入ってくることができないフィールドとして運用します。

実際に各通信事業者は専用線サービスを提供していて、過去に比べるとコストも小さくなっていますが、何せ「専用」ですから、タダに等しいインターネット利用料に比べるととても大きな負担に思えます。

Google などはインターネット上で行われる通信をすべて暗号化する方向で動いていますが、その実現には未だ時間がかかるでしょう。

小さな費用で通信を行いたい、具体的にはインターネットを使いたい。でも、なりすましなどの被害に遭うのはごめんだし、通信内容も第三者には秘匿したい。こうした、ある意味で矛盾した要求に応えるために現れた技術が **VPN**（Virtual Private Network：仮想専用線）です。

安く使える共有回線（みんなが使えるので、あんまり安全ではない）を、暗号化と認証の技術によって、まるで専用線のように安全に使おうという技術です。共有回線として使われるのは、インターネットや**閉域 IP 網**です。閉域 IP 網とは、各通信事業者が管理しているネットワークで、インターネットからは隔離されていますが、その通信事業者の顧客は利用するので A 社—B 社を結ぶ専用線のようなものではない、と考えるといいと思います。

たとえば、NTT が持っている閉域 IP 網は NTT だけが管理しているエリアで、インターネットとは切断されています。不特定多数の利用者が使うことはできません。しかし、NTT の顧客は費用を支払うことでこのエリアを使うことができるわけです。インターネットに作る VPN をインターネット VPN、閉域 IP 網に作る VPN を **IP-VPN** と呼んで区別します。

VPN を利用する場合、利用者の視点では**トランスポートモード**と**トンネルモード**の区別ができるようにしておきましょう。

トランスポートモードとは、送信元となる端末と送信先となる端末が直

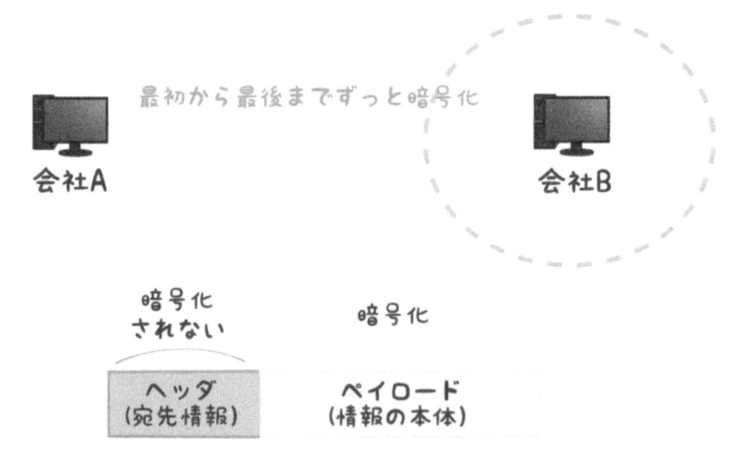

図5.8　トランスポートモード

接接続されるタイプのVPNです。

通信の最初から最後まで、すべての経路が暗号化されるメリットがありますが、VPNを使うすべてのPCやサーバにVPN用のソフトウェアをインストールし、設定する必要があります（**図5.8**）。また、送られる通信（パケット）のうち、ペイロード部分は暗号化されるものの、ヘッダは暗号化されません。

トンネルモードは、拠点間接続に使われるタイプのVPNです。会社の出入口にあたる場所にVPN装置を設置して、ここで暗号化や復号を行います。会社内にあってVPNを利用する各PCやサーバは、自分自身にVPNのためのソフトウェアや設定を施す必要がありません。いつも通りの通信を行っている感覚で、意識せずにVPN通信を利用することが可能です。

送信元のPCが送出するパケットのすべてが暗号化されるのも特徴です。VPN装置を通過するときに、送られてきた情報をすべて暗号化し、新たなヘッダをつけなおすのです（**図5.9**）。

デメリットは、VPN装置を設置しなければならないことと、会社内での通信部分は暗号化されないことです。また、拠点間接続以外の使い方は難しいでしょう。会社の一部の利用者がたくさんの相手とVPN接続を行う用途や、モバイルPCを使う社員が社外から社内へアクセスする用途な

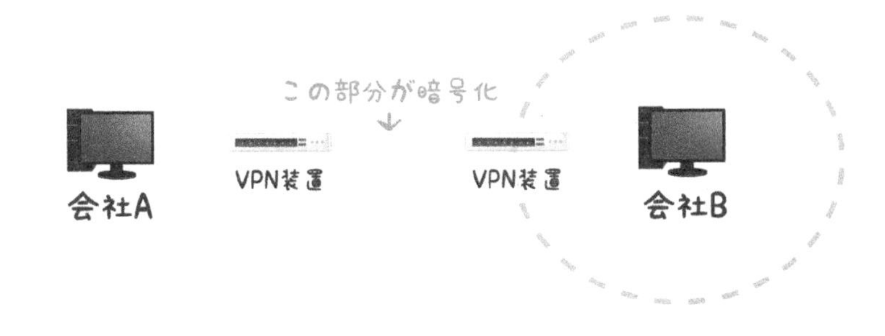

図5.9 トンネルモード

どには向いていません。

SQLインジェクションとプレースホルダ

SQLインジェクションは攻撃手法なのですが、**プレースホルダ**とセットで扱いたかったので、ここで説明します。

SQLとはデータベースを動かす言語です。データベースはどんな業務にも使われる非常に重要な機能なので、たいていのシステムで利用されています。つまりは攻撃対象になりやすいのです。どんなふうに攻撃するのでしょうか？

まず利用者がWebページにユーザIDとパスワードを入力すると、Webサーバはそれをもとに認証を行うためSQL文を組み立てます（**図5.10**）。これをもってデータベースに問い合わせをするわけです。ユーザIDにkodansha、パスワードに123456を入力すると、こんなふうになります。

```
SELECT * FROM user WHERE
id='kodansha' AND pass='123456'
```

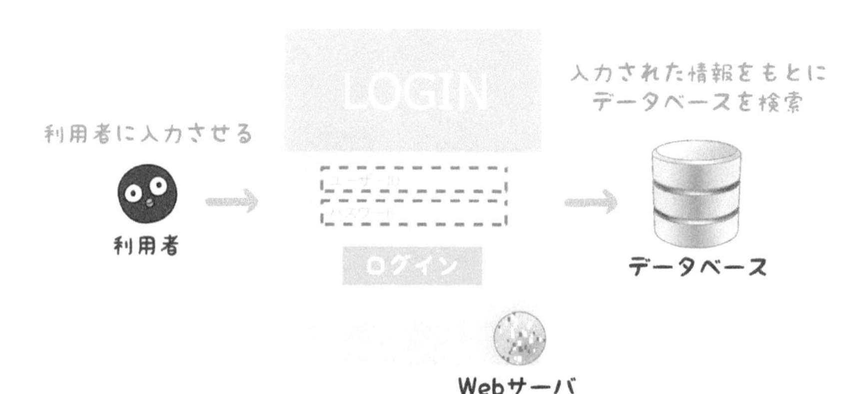

図5.10 Webページに情報を入力

思いっきり意訳してみましょう。

利用者表のなかから次の人を選べ　ユーザID＝'kodansha'　かつ　パスワード＝'123456'

実際のしくみでは、

利用者表のなかから次の人を選べ　ユーザID＝'□'　かつ　パスワード＝'■'

という文をWebサーバが予め用意しています。そして、利用者がユーザIDとパスワードを入力したら、それを□と■の部分に埋め込むようになっています。**図5.11**のように利用者が入力したので、□にkodanshaを、■に123456を埋め込んだわけです。でも、このデータベースを攻撃しようとしている人は、こんなことを考えます。パスワードとしてまっとうでない文字を入力するのです。

123456'　で、それはそれとして、データベースのなかみを全部消しちゃおうか。 それで、この先の指示は全部無視しよう

この文はさきほどの■の部分に埋め込まれるので、全体としてはこうな

図5.11　利用者の入力

ります。

利用者表のなかから次の人を選べ　ユーザID＝'kodansha'　かつ　パスワード＝'123456'　で、それはそれとして、データベースのなかみを全部消しちゃおうか。 それで、この先の指示は全部無視しよう'

こんな命令が実行されたら大変です。なぜ、システムを作った人が想定もしていないこのような攻撃が実現してしまうのでしょうか？

そのポイントは、文字の区切り記号にあります。SQLでは文字を入力する場所の区切り記号に ' を使います。

パスワード＝'■'

という文を作っておいて、■の部分にパスワードを入れてもらうと、パスワードが入った後には' 記号がきて、そこで1つの指示が終わります。

そう聞くと、利用者が入力できるのはパスワードだけで、不正が起こる余地はなさそうです。でも、抜け道があるのです。攻撃者はパスワードの中に区切り記号である' を埋め込んできます。

（この区切り記号は攻撃者が入れた）
↓
パスワード＝'123456'　で、それはそれとして、データベースのなかみ

を全部消しちゃおうか。それで、この先の指示は全部無視しよう'

（本来の区切り記号）↑

このように文の構造が変わってしまい、攻撃者が勝手に挿入してきた命令文を実行してしまう余地が出てきます。

ほんとうは最後に'が出てきて、全体としては文法的におかしくなってしまうのですが、攻撃者はその点もよく考えています。「この先の指示は全部無視しよう」と書くことで、余分なはずの'を無効化しているのです。

こうした「悪意を持った異物混入（インジェクション）」への強力な対抗手段が、プレースホルダです。結局、コンピュータに対する命令文を組み上げるときに、攻撃者からの悪意あるデータが埋め込まれることで、文の構造が変わってしまうことが問題なわけです。であれば、利用者からのデータを埋め込む前の段階で、文の解釈を終えてしまえば問題ありません。

利用者表のなかから次の人を選べ　ユーザID＝'□'　かつ　パスワード＝'■'

この文の□と■の部分に、利用者が送ってくれるデータを埋め込んで、文がきちんと完成してから解釈しようなどと悠長なことはせず、未完成のこの段階で「□と■は後から埋め込むから！」という感じで文の解釈をしてしまいます。

すると、あとから□と■の部分にどんなデータを挿入されても、意図しなかったような命令文が組み上がったり、実行されたりすることはありません。このとき、□や■のことをプレースホルダといいます（「仮に確保したところ」、「取りあえずおさえときました！」くらいのニュアンスです）。

SQL文に限らず、利用者が入力したデータを扱うときには、細心の注意を払います。ほとんどの利用者は善良ですが、間違って危険なデータを送ってくるときもありますし、悪意を持って、組み上がるはずの命令文が書き換わるようなデータを送ってくる攻撃者もいます。

利用者が送ってくるデータをどう扱うかは、セキュリティ管理者を悩ませる永遠のテーマと言えるでしょう。また、利用者にどのくらいまで情報を伝えるかも、悩ましい問題です。たとえばシステムで何かの間違いやトラブルが起こってエラーを表示するとき、できるだけ詳しい情報を伝えた方が親切です。でも、あまり詳しい情報を表示すると、攻撃者がそれを手掛かりにシステムの特性を把握して、効率のよい攻撃方法を思いついてしまうことがあります。

5.5 システムとデータを守る

データは消えても、買い換えられない

バックアップと世代管理

他の章でも強調してきたように、データは情報資産の極めて重要な要素です。機器は買い換えることができても、自社が積み上げてきた貴重な情報や知見は、どこかで購入してくるわけにはいかないからです。

しかし、そのデータが機器に保存される以上、機器の故障によって永遠に喪失してしまうリスクは避けることができません。その対策としてとられるのが、データの**バックアップ**です。

バックアップは、家庭でのコンピュータ利用でも一般的に行われています。利便性や速度の点で優れているけれども、他の機器と同等の信頼性を持つとはいえないハードディスクに保存されているデータを、別の場所にもコピーして保管しておくやり方です。

単にもう1台のハードディスクにコピーしておくだけでも効果がありますし、それがリアルタイムかつ自動的に行われるのであれば（たとえばRAID1)、より効果があるでしょう。

データの喪失防止を前面に押し出すのであれば、コピー元であるハードディスクよりも安定した媒体（壊れにくく、長期にわたって保存しておけるもの、DVDやブルーレイディスク、磁気テープなどが使われる）にバックアップを取得します。

安定した媒体は往々にして読み書きの速度が遅いため、大量のデータをバックアップしておくためには、整理されたバックアップ計画が必要です。さらには、大規模災害に備えて、バックアップ済み媒体を遠隔地保存しておくことも大事です。バックアップ媒体を、オリジナルの媒体と同じ建屋に保管していて、その建屋が全焼してしまえば、結局どちらも永遠に失われてしまうからです。

経済活動のグローバル化を受けて、**事業継続性**（Business Continuity）はますます重要になってきています。大規模な被災をした後でも、企業が早期の復旧を目指す場合、データの遠隔地保存は大きな助けになります。

データさえ残っていれば、仮のシステムは被災していない地域、国のクラウドサービスなどで構築できる可能性がありますし、資金と人員に余裕があればデータだけでなく、自社システム自体の複製を遠隔地に構築しておき（バックアップサイト）、被災時にはそちらで業務を再開することもできるからです。

とはいえ、データのバックアップは大仕事です。それ自体に時間と手間、費用がかかります。個人であれば、最新のファイル状態を保存したバックアップさえ作っておけば、もしものときの備えとして充分に機能するかもしれませんが、企業活動の助けとするためには毎日バックアップをとって、「1日前の状態ではなく、2日前の状態に戻したい」といったニーズにも応える必要があるかもしれません。これを**世代管理**といいます。世代管理を行う場合、ぼう大な量のバックアップ媒体が生み出されることになり、その保管も大きな課題となるでしょう。

せっかくバックアップを取得しても、非常時にそれを活かせない企業は、実はたくさん存在します。酷使したバックアップ媒体が実はすでに耐用限界を迎えていて、復旧（**リストア**）しようとしてもできなかったり、バックアップがそもそも取れていなかったりするからです。

業務を阻害しないよう、夜間帯にバックアップを取得していたものの、業務量が増えてきてバックアップ量が増し、朝の業務開始前までにバックアップが終わらないケースも考えられます。結果として、何年ものあいだバックアップの取得が途中までしか行われていなかった、といった事態は容易に起こりえます。そして、事故の時に初めてそれに気付くのです。

フルバックアップ、差分バックアップ、増分バックアップ

バックアップの取得とリストアのやり方について、触れておきましょう。世代管理を行うとき、いつも会社のデータ全体をバックアップするのは無駄が多い方法です。前にバックアップを取得したときと、いまバックアップを取得する時点とで、変更のなかったデータが大半だからです。

そこで、差分バックアップや増分バックアップなどの無駄を小さくする

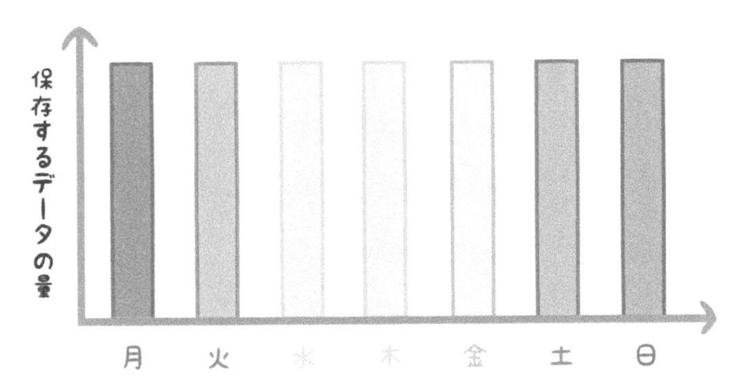

図5.12 フルバックアップ

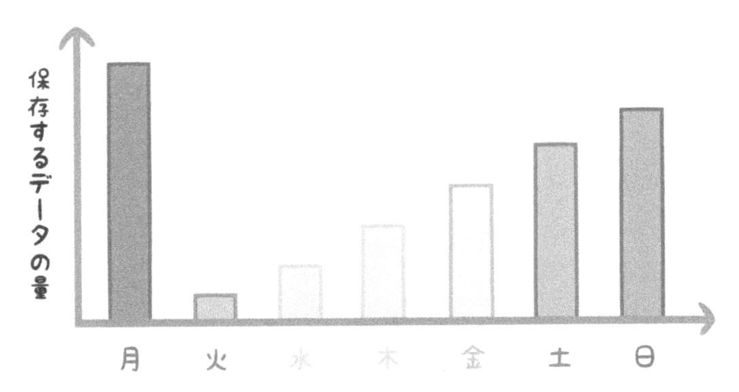

図5.13 差分バックアップ

バックアップ手法が確立されています。例として、毎日バックアップを取得することを考えてみましょう。

図5.12は**フルバックアップ**で、毎日、保存対象となるすべてのデータをバックアップする形式です。難しいことを考える必要はなく、たとえば「木曜日の状態に戻したい」と思ったときも、木曜日のデータを引っ張り出してきてリストア（復旧）作業をするだけです。最も基本になるバックアップ方法と言えます。しかし、バックアップにかかる時間と媒体容量は最大です。

図5.13は**差分バックアップ**です。この例では、月曜日を基準日として定め、すべてのバックアップを取得しています。その後の曜日では月曜日を基準として、月曜日の状態から変更のあったデータだけをバックアップし

ます。

変更のあったものだけですので、バックアップにかかる時間と容量をかなり節約することができます。もちろん、時間の経過とともに「変更のあったファイル」は増えていきますから、バックアップ時間と容量は基準日から離れるごとに増えていきます。そのため、バックアップにかかる時間が変動し、読みにくいのが特性です。

事故時の復旧には一手間かかります。月曜日の状態に戻すのは簡単ですが、そうではない場合（たとえば木曜日の状態に戻したければ）、一度月曜日の状態にリストアして、さらに木曜日のバックアップを復旧させる必要があります。バックアップの手間と、リストアの手間とのバランスを取った形式であると言えます。

この例では基準日から基準日の間隔を１週間にしていますが、業務の特性や状況に応じて３日でも１か月でも構いません。

図5.14は**増分バックアップ**です。月曜日が基準になっていて、火曜日は月曜日から変更のあったファイルだけを、水曜日は火曜日から変更のあったファイルだけを……とバックアップを取得していきます。

火曜日〜日曜日では、「その日に変更があったファイル」のバックアップだけを取得しますので、バックアップにかかる時間や容量は最小に抑えることができます。

ただし、復旧の際に最も時間と手間がかかることは覚悟しなければなりません。このケースですと最悪なのは日曜日の状態に戻したいときで、ま

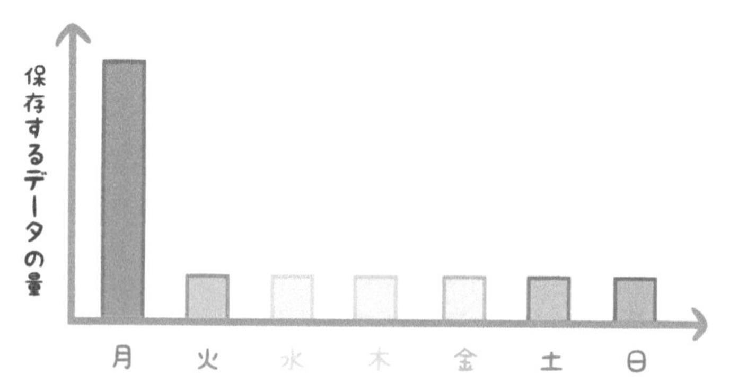

図5.14　増分バックアップ

ず月曜日の状態に復元してから、火曜日の状態を適用し、さらに水曜日の状態に戻して……という作業を7回繰り返さないと日曜日の状態にはなりません。

近年の業務では、「事故が起こる直前、1秒前の状態に復元したい」などのニーズも存在します。しかし、毎秒ごとにバックアップを取得するのは事実上不可能なので、ところどころバックアップを取り、あとはデータの**ジャーナル**（操作記録）を保存しておきます。

データそのもののバックアップに比べると、ジャーナルはデータ量が小さいため、リアルタイムに記録・保存しておくことができます。最新のバックアップが1日前に取得したものだったとしても、ジャーナルに記録された操作をもう一度行っていくことで、事故直前の状態を復元することができるのです。

えっ!? ITにも法律？

サイバーセキュリティの法規と制度

技術の進歩は法律の制定に比べるとうんと速度が速く、安全を確保するしくみとしての法律が追いついていない印象があります。それに対応するべく、サイバーセキュリティ基本法などの重要な法律が立て続けに制定されました。個人情報や知的財産など、守る側としても守られる側としても、法律やガイドラインを知っておくことは重要です。知らず知らずのうちに、法律を破ってしまう事態も考えられるからです。

6.1 セキュリティ関連の法律

戦争からプライバシーまで

サイバーセキュリティ基本法

サイバーとは、さまざまな学問分野を横断して人工知性を取り扱う「サイバネティクス」から派生した言葉です。同根の用語として、人工物と生物の融合を表す「サイボーグ」が有名です。

「サイバースペース」を「電脳空間」などと訳しますが、現時点での使われ方としては、人工知性や電脳というよりは、情報ネットワーク、インターネットの意味合いが強いと考えてください。**サイバーテロ**といえば、情報ネットワークを利用したテロを表しています。

これまでにも何度も触れてきましたが、私たちの社会は情報ネットワークやインターネットへの依存をますます強めていて、これらは重要な社会インフラとなっています。

インフラであれば、それを安全に運用しなければなりませんし、社会への攻撃を企てる者にとっては格好の攻撃対象となります。もはや国会議事堂を吹き飛ばすよりも、情報システムをダウンさせる方が私たちの生活に深刻なダメージを与えることができると考えてよいでしょう。

こうした社会構造の変化に各国は対応しています。米国は、陸、海、空、宇宙に続いて、サイバースペースを第5の作戦領域と規定しました（**図6.1**）。それまでは、サイバースペースでサーバの破壊などが行われると、犯罪として処理がなされました。しかし、この規定によって、サイバースペースでの攻撃は戦闘であると解釈することができるようになりました。戦闘であれば、陸海空軍を使った報復も可能になります。

第二次世界大戦を最後に国家の総力戦はなりを潜め、戦争の小規模化が続いています。総力戦からゲリラ戦へ、ゲリラ戦からテロへ。テロの次は、サイバー攻撃が戦争の主流になるかもしれません。日本も遅ればせながら、**サイバーセキュリティ基本法**を制定してこうした状況に対応しようとしています。この法律に則って、サイバーセキュリティ戦略が策定され、サイバーセキュリティ戦略本部が置かれました（**図6.2**）。国や地方公共団体はサイバーセキュリティに関する責務を負います。

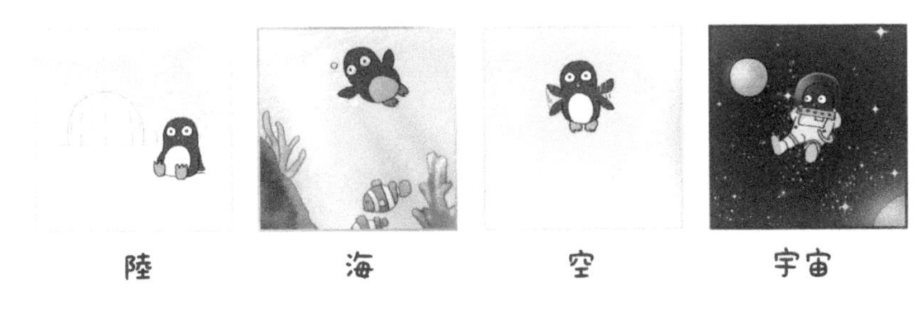

図6.1　第5の戦場

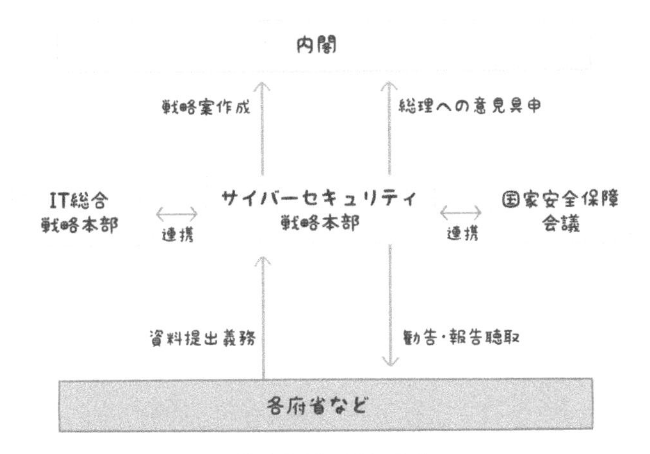

図6.2　サイバーセキュリティ戦略本部のはたらき

サイバーセキュリティ戦略には基本原則が5つあり、

1. 情報の自由な流通の確保
2. 法の支配
3. 開放性

4. 自律性
5. 多様な主体の連携
が謳われています。
また、サイバーセキュリティ基本法は、国民全体にも努力を求めています。サイバーセキュリティの重要性を理解し、その確保に注意してくださいとのことです。

個人情報保護法

個人情報の重要性も、ますます増大しています。以前から個人情報は大事なものでしたが、大量の情報が電子化され、情報ネットワークに蓄積されるようになると、インシデントなどによってそれが漏洩したときの量や拡散範囲は、インターネットの登場以前には想像もできなかったほど大きくなっています。
特に、いわゆるAIの使用が進むと、大量の個人情報を解析して、その人の評価や今後の行動の予測ができるようになります。場合によっては、行動を誘導することも可能になるでしょう。中国は国民の信用度を点数化することに先鞭をつけ、Amazonは利用者が発注をする前に配送を始めるシステムを研究し、SNSを駆け巡ったフェイクニュースがアメリカの大統領選の結果に影響を及ぼしたといわれています。野放図に個人情報が収集され、使われるということは、下手をすると自分の生殺与奪権を握られることにつながりかねないのです。
一方で、個人情報の利用を禁止すれば良いというものでもありません。よく言われる「高級旅館のおもてなし」といったものは、顧客の個人情報をいかに握っているかがポイントになっています。その人の好みにあったサービスをベストのタイミングで提供できるかは、その人をいかに理解しているかに左右されます。利用者にとっても、個人情報を提供し、自分を理解してもらうことにはメリットがあるのです。
私たちの社会を安全かつ快適に発展させるためには、悪意を持った個人情報の利用は防止し、適切と思われる利活用は促進するという、難しい施策を両立させなければなりません。そのための核となる法律が**個人情報保護法**です。
個人情報を取り扱うすべての事業者は、この法律に従って個人情報を安

図6.3 個人情報は狙われている

全かつ適正に扱わなければなりません。ここでいう個人情報とは、「生きている個人に関する情報」で、氏名や電話番号などによって、「それが誰の情報か」を特定できる情報のことをいいます（**図6.3**）。

氏名や電話番号も個人情報ですが、それだけが個人情報でないことに注意が必要です。「ふだん読んでいる本のリスト」があって、それを利用者番号などと照合することによって、誰の本の趣味かがわかったら個人情報になります。この個人情報は、「好きな本を予測してプレゼントしてあげよう」と良いことに使われるかもしれませんし、「こういう本を読んでいる人は、こういう考え方を持っている可能性が高いから、うちの会社に入れるのはやめよう」といったふうにその人の不利に働くかもしれません。

個人情報のなかでも特にセンシティブなものを、**要配慮個人情報**といいます。人種、信条、社会的身分、病歴、犯罪歴、犯罪被害履歴、障害の有無など、使われ方によっては不当な差別や偏見などにつながりかねない情報のことです。要配慮個人情報を取得する場合には、本人の事前同意が必要です。亡くなった人の個人情報をどう扱っていくかも、今後の課題と言えます。

何かの仕事をしていて、個人情報をまったく取り扱わないということはないでしょうから、ほとんどすべての人が個人情報取扱事業者としても、情報を提出する個人としても、個人情報保護法とつきあっていくことになるでしょう。

事業者が個人情報を収集する場合、その利用目的を明らかにし、それ以外の用途に個人情報を使ってはいけません。もし別の用途に使うときには、改めて本人の同意を取り付けることになります。収集した個人情報を第三者に提供するのにも、本人の事前同意が必要です。

また、収集した個人情報も、正確で最新の内容を保つよう努力しなければなりませんし、利用目的を達成した場合には削除するのが原則です。自社だけでなく、連携している委託先などにも情報管理を徹底させる必要があります。本人からの請求があれば、保有している個人情報を開示しなければなりません。

プライバシーマーク

個人情報保護を目的としてJIPDEC（日本情報経済社会推進協会）が運用する制度で、基準に適合した体制をつくり認証を受けると、プライバシーマーク登録証が発行され、プライバシーマークを使うことができるようになります。個人情報保護に取り組んでいる証として、これを広報活動などに利用するわけです。この前の項で説明した個人情報保護法よりも前から運用されています。

歴史的な流れとしては、次のようになります。

平成元年に「行政機関が保有する電子計算機処理に係る個人情報の保護に関する法律」が施行され、行政機関においては個人情報保護への取り組みが本格化

↓

平成10年、それを民間事業者にも拡大するためにプライバシーマーク制度を運用開始。プライバシーマークの普及を通じて、消費者にも保護意識を浸透させる

↓

平成17年、民間事業者を対象とする「個人情報の保護に関する法律」（個人情報保護法）が全面施行される

したがって現時点においては、すべての個人情報取扱事業者が個人情報

図6.4 JIPDECによるプライバシーマークのデザイン・コンセプト

を保護する義務を負っていますが、**プライバシーマーク**を取得することで、より高い水準の個人情報保護体制を確立していることがアピールできます（**図6.4**）。

プライバシーマーク制度の根拠になっているのは、**JIS Q 15001「個人情報保護マネジメントシステムの要求事項」**です。情報セキュリティマネジメントシステムを構築するJIS Q 27001（第7章で詳しく説明します）と考え方は同じで、直接的にその組織の商品やサービスを審査するのではなく、その組織を適切に指揮・管理するしくみ（＝マネジメントシステム）が、うまくつくられているかどうかを審査します。

JIS Q 27001と目的や要求事項が似ていますが、JIS Q 27001は情報セキュリティ全般、JIS Q 15001はその中の個人情報のみに特化しているので、まずプライバシーマークを取得してマネジメントシステムに慣れてから、JIS Q 27001の情報セキュリティマネジメントシステムを構築する組織もあります。

6.2 知的財産権

形がないモノの権利

知的財産権

社会の情報化が進むにつれて、**知的財産権**（IP：Intellectual Property）の適切な扱いについての関心が高まっています。形ある商品の権利については、さまざまなしくみが確立されています（**図6.5**）。無体物としてのアイデアや発明、小説や絵画、音楽も、たとえば**著作権法**などでの保護が試

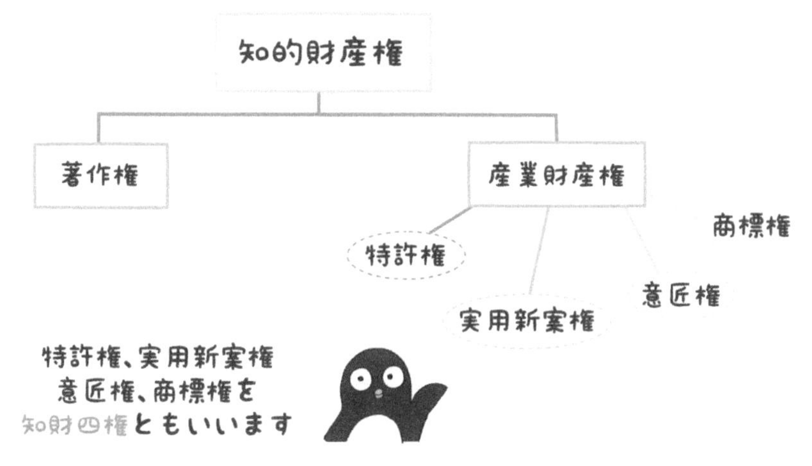

図6.5　知的財産権の体系

みられてきましたが、インターネット等の普及により、保護制度が社会や技術の変化に追いついていないのが現状です。

●著作権

著作権とは、小説や絵画、音楽など、著作物に関する権利です。**著作者人格権**と**著作財産権**にわけることができます。

著作者人格権はその著作物を作った人（著作者）の**公表権**や**氏名表示権**、**同一性保持権**からなっています。公表権は著作物を公開するかどうかを自分で決められる権利、氏名表示権は著作物を公表するときに氏名表示をすることの是非や、表示するときにペンネームを使うかどうかなどを決定する権利です。また、同一性保持権は著作物に勝手に手を加えたり書き換えられたりされない権利のことです。

それに対して著作財産権は、**複製権**や**公衆送信権**など、著作物を独占して使う権利を表します。複製権はCDやブルーレイなどを作る（複製する）権利、公衆送信権はテレビ、ラジオなどを通じて著作物を送信する権利です。

インターネットの場合は利用者のアクセスがトリガーとなって送信が行われるので、**送信可能化権**を別に定めています。たとえば違法アップロードなどでは、実際に送信が行われなくても、アクセスできる状態にすることで権利侵害となります。

日本の著作権法の枠組みでは、著作権は著作物をつくったときに自然発生し、著作者人格権は譲渡不可能、著作財産権は譲渡（売買）可能になっています。

ポイントとして、アイデアやノウハウ、創作性のない表現、自然科学上の知見には著作権が発生しないことを覚えておきましょう。情報分野でよく取り上げられるのは、開発言語やアルゴリズムには著作権が発生しないこと、プログラムやデータベース（データそのものには著作権が発生しないが、それを創作性をもって体系的にまとめあげたデータベースには著作権が認められる）には著作権が発生するけれども、業務でプログラムやデータベースをつくった場合には、特別な契約がない限り会社に著作権が帰属することです。

著作物の権利がきちんと守られることは、その著作物をつくった人が正当な報酬を得られるかどうかに直結しますし、文化の保護・発展のためにも重要です。しかし、権利保護のためのルールが使いにくいと、他の人が著作物を使いにくくなり、その著作物が埋もれてしまうことにもつながります。

そのため、さまざまなルールやしくみが試行錯誤されています。たとえば、文化庁は**自由利用マーク**の制度を作っています（**図 6.6**）。

また、**クリエイティブ・コモンズ・ライセンス**は、著作物の再利用を著

印刷、コピー、無料配布を認めます。
内容を書き換えてはいけません。

障害者が使う目的であれば、
あらゆる非営利利用が許されます。
内容を書き換えることもOKです。

学校で使う目的であれば、
あらゆる非営利利用が許されます。
内容を書き換えることもOKです。

図6.6　自由利用マーク

作品をコピー、配布、展示していいけれど、著作者名を表示すること

非営利用途に限り作品をコピー、配布、展示していい。著作者名を表示すること

作品をコピー、配布、展示していいけれど、改変は禁止。著作者名を表示すること

作品をコピー、配布、展示していい。改変してもいいけれど、それを配布するときは元作品と同じライセンスにする。著作者名を表示すること

図6.7 クリエイティブ・コモンズ・ライセンス

図6.8 同人マーク

作者自らが促す枠組みとして、世界的な広がりを見せています。**図 6.7** がその代表例です。

日本における試みとして、**同人マーク**をあげることができます。著作者が、自分の作品をベースとした二次創作同人誌をつくっても良いと意思表示するためのマークです（**図 6.8**）。

二次創作とはオリジナルとなる世界観やキャラクタを下敷きに派生作品を作ることです。同人とは同好の士のことで、同好の士が集まって作る少部数の冊子を同人誌と呼びます。

意思表示の範囲が「二次創作同人誌」に限定されていることには注意が必要です。オリジナル作品をそのままコピーしたり（二次創作ではない）、フィギュア化したりする行為は含まれません。販売する場所も同人誌即売

会に限定されていて、書店で委託販売をしていいか、電子化していいかどうかなどは、このマークだけでは確認できません。著作者に別途確認する必要があります。

●特許権

特許権とは、自然法則を利用した技術的思想の創作のうち、高度のもの(＝発明)に与えられる権利です。出願することで権利が発生し、同種の発明が出願された場合は先に出願したものを採る先願主義が採用されています。

●実用新案権

実用新案権とは、自然法則を利用した技術的思想の創作に対して与えられる権利ですが、高度さが要求されない点が特許と異なります。

●意匠権

意匠権とは、工芸品や工業製品のデザインに対して与えられる権利です。ただのデザインではダメで、新規性や創作性がなければなりません。工芸品、工業製品が対象なので、量産できる点も重視されます。これが不可能であると、新規性や創作性があっても美術品と認識され、意匠権が与えられない(美術品は著作権の対象)ことがあります。

●商標権

商標権とは、商品やサービスに付与する、いわゆるトレードマークの権利を保護するものです(サービスにマークをつける場合は、サービスマークとして区別することもあります)。そのマークのもとで、良い商品を提供し続けると、ブランドや信用の認知に効果があります。一方で、確立したブランドに似たマークをつけることで消費者を誤認させ、他社のブランドを悪用する事業者が出てくる可能性があるので、商標法によって保護するわけです。

第7章

セキュリティ対策実施の両輪

ポリシーとマネジメントシステム

会社や学校でセキュリティへの取り組みを進めていると、いつか突き当たるのが「そろそろセキュリティポリシーとセキュリティマネジメントシステムを作らない?」です。組織のセキュリティ水準は、力量や熱意のある個人の取り組みで意外と向上したりすることがありますが、その人が異動になったり間違えたりすると破綻してしまいます。組織的、継続的な取り組みにするためには、この2つをしっかり作っておくことが大事です。

7.1 情報セキュリティポリシー
各社各様の違いを反映した、自分ルール

組織ごとにつくる基準

第1章で学んだように、情報セキュリティとは安全を保つための施策全般を指す言葉でした。そして、その施策をもう少し具体的にかみ砕くならば、受容水準を超えたリスクを、受容水準の中に収まるように取り除いたり減らしたりすることでした。

こうしたことは、頭の中ではわかっていても、なかなか日常の行動には結びつきません。それでなくても、みんな忙しいのです。日々の業務に忙殺されて、あまり安全でないとわかっていても楽な手順を選んでしまったり、仕事の目的を達成するために禁止されている行動を取ってしまったりすることが、むしろ自然です。

セキュリティ対策を成功させようと考えるならば、組織の構成員が自然と安全な行動を取るような環境を整えたり、間違った行為を試みてもそれを妨げるような規程や技術が存在しなければなりません。それらの施策の中核におかれるのが、**情報セキュリティポリシー**と**情報セキュリティマネジメントシステム**です。

情報セキュリティポリシーは、情報セキュリティについてその組織はどう考えているのか、どんなルールや対応チームを作り、どう動かしていくのかを定めた文書です。文書の形でまとめておくのが重要で、ここが暗黙知になっていたり、経営者やセキュリティ担当者の頭の中にしか存在しないと、みんなが統一された行動を取ることが難しくなります。

情報セキュリティマネジメントシステムは、情報セキュリティポリシーに則り、そこに書かれていることを実現するための組織内のしくみで、実行組織もその中に含まれます。

ポリシーだけがあっても実行が伴わなければ、狙ったセキュリティ水準を達成することはできませんし、マネジメントシステムだけがあっても、統一された基準や文書がなければ、先ほども述べたようにみんなが違う思惑で行動して、それが脆弱性につながるかもしれません。

情報セキュリティポリシーと情報セキュリティマネジメントシステム

情報セキュリティ
マネジメントシステム

情報セキュリティ
ポリシー

図7.1　ポリシーとマネジメントシステムの関係

は、組織で情報セキュリティの取り組みを行うための、車の両輪と言うべき要素です。どちらが欠けても、適切なセキュリティ水準を達成できなくなるのです（**図7.1**）。大事な決めごとであるならば、会社で作るといわず、たとえば法律にしてしまえばよいというアイデアもあります。確かに強制力の点でとても魅力的な発想です。しかし、法律は全国一律に施行されます。セキュリティはそれぞれの会社で受容水準も違いますし、どんな仕事をしているかで情報資産も脅威も脆弱性も異なってきます。そうした状況で、一律の決めごとを作るのは難しいので、個々の組織でセキュリティポリシーを作るのが現実的な取り組み方になります。

情報セキュリティポリシーと３つの文書

情報セキュリティポリシーは、その内容をすっきりとわかりやすく記述するために、3階層の文書に分けて作られます。

どうしてそんな面倒なことをするのだろう？　と思うかもしれませんが、私たちはこうした設計の文書に馴染んでいます。たとえば、憲法、法律、条例です。どれも決めごとですから、わけなくてもよさそうなものですが、ゆらがない大方針を憲法で定めて、それよりも細かいルールを法律で決め……とすることによって、細かな定めが大方針と矛盾していないかのチェックや、細則の改廃の柔軟性を保つことができるようになります。

情報セキュリティポリシーも同じです。最も上位に位置する**情報セキュリティ基本方針**で、会社としての情報セキュリティに関する大方針を簡潔に示し、社員にも顧客にも、どうセキュリティと向き合っているのかをアピールします。大方針ですので、短期間で内容が変わることもなく、安定

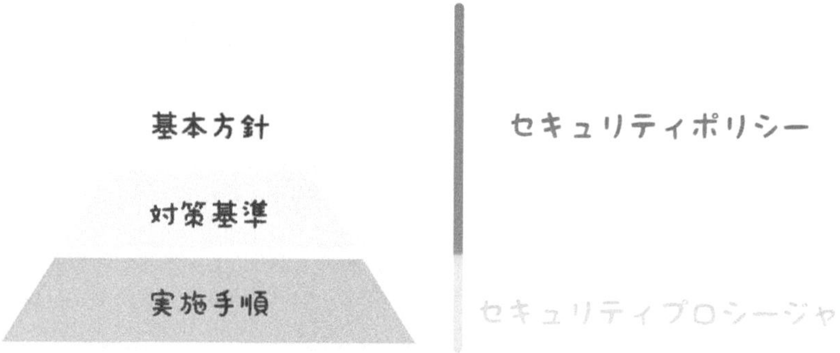

基本方針
対策基準
実施手順
セキュリティポリシー
セキュリティプロシージャ

図7.2　情報セキュリティに関する文書の3階層

して情報セキュリティの指針を表すことができます（**図7.2**）。

情報セキュリティ対策基準は、基本方針を受けて、それを具体化するにはどうしたらよいかを示した文書です。たとえば、基本方針で「顧客の個人情報保護を最優先する」と決めているのであれば、対策基準は「利用が終わった顧客個人情報はすぐに消去する」、「保存する個人情報はAESで暗号化する」となるかもしれません。少なくとも、「顧客個人情報をWebサーバで公開しよう」とはならないはずです。

基本方針と比べると、比較的短い期間で書き換えが発生するのも、対策基準の特徴です。先の「保存する個人情報はAESで暗号化する」という規程は、AES暗号に脆弱性が発見されれば、修正しなければなりません。組織が改編されたり、新しい事業を始めたりしたときも、書き直しが発生するでしょう。

文書量の多さも指摘しておきましょう。図7.2の面積は、それぞれの文書の量も示しています。基本方針は組織の基本的な考え方を簡潔に示すものなので、短い文書にまとまります。むしろ長くなると、何を言いたいのかわからなくなる文書です。しかし、対策基準はそれを具体化する文書ですので、基本方針より長くなります。

情報セキュリティ実施手順は、対策基準のさらに下位に位置する文書です。対策基準で決めたことを、ふだんの仕事のなかでどう実現すればよいかを示したマニュアルです。3つの文書をまとめて情報セキュリティポリシーと言うこともあれば、上位2つの情報セキュリティ基本方針と情報セキュリティ対策基準を情報セキュリティポリシーとし、最下位の情報セキュリティ実施手順を**情報セキュリティプロシージャ**（マニュアル）として分けて考えることもあります。

たとえば、対策基準に「パスワードを設定せよ」と書いてあっても、社員はパスワードの設定や変更の方法がわからないかもしれません。だとしたら、いくらルール化しても無意味です。情報セキュリティ実施手順では、「こういうふうに操作すると、パスワードが変更できるよ」とか、「入退室管理では、お客さんに○○と××を書いてもらって、ゲストIDカードを貸与してね」など、それを読むだけで仕事が進められるレベルにまでかみ砕いた内容が書かれます。

マニュアルですので、文章の量は対策基準よりもさらに多くなります。ぼう大といってよい分量のドキュメントが発生するでしょう。そして、相反するように、その賞味期限は短くなります。パスワードの変更手順やそれに伴う画面の遷移など、機器やOSが変わるたびに変更がかかるのがふつうです。情報セキュリティ実施手順はこうした変更が加わる度に改訂され、新しくなっていきます。

情報セキュリティポリシーの作り方とポイント

ここまでで説明してきたように、情報セキュリティポリシーを作るのはなかなか骨が折れる作業です。まず自社の業務を洗い出し、どんな情報資産、脅威、脆弱性があり、達成すべきセキュリティ水準や受容水準をどこに置けばいいのか決めます。受容水準を上回るリスクがある場合は、どの順番でどんな対策を講じるか、それがうまくいったかどうかの評価もしなければなりません。こうした一連の手続きを途切れなく実行し続けられるよう明文化して、初めて情報セキュリティポリシーが形になります。

個々の企業ごと組織ごとに置かれている環境や経営の状況が異なっているので、自社で情報セキュリティポリシーを作ることに意味があるのですが、一方で業務の片手間にさくさくと作れるようなものでもありません。不出来な情報セキュリティポリシーを作ってしまって、却ってリスクが大きくなるような事態になれば本末転倒です。

そこで、いわゆる**ベストプラクティス**（過去の色々な取り組みから得られた成功事例）から情報セキュリティポリシーの雛形（テンプレート）が作られています。雛形を使って情報セキュリティポリシーを作ることを

ベースラインアプローチといい、比較的簡単にポリシーを完成させることができます。これに対して、自分で一からポリシーを組み上げていくのは、**詳細リスク分析**です。もちろん、両者を組み合わせて使うこともあります。

雛形を使う場合、雛形に書かれていることを、そのまま自社に適用すると、組織の実情に合致しない取り決めなどが必ず出てきます。そこで、「これはこのまま適用する」「適用しない」「ここを修正する」などと修正を加えて、自社のものとして取り込みます。

雛形に使われる文書は、国際標準化団体や各国の組織がさまざまなものを作っていますが、一番使われているのは**国際標準化機構**（**ISO**）が定めた**ISO/IEC 27000 シリーズ**です。シリーズというだけに複数の文書で構成されているのですが、有名どころでは**ISO/IEC 27000**（全体の概説と用語集）、**ISO/IEC 27001**（認証基準）、**ISO/IEC 27002**（雛形）です。ISO/IEC 27002 を引用してくれば、それなりの情報セキュリティポリシーが作れます。日本では**JIS**（**日本産業規格**）が、JIS Q 27000 シリーズとして和訳しています。

JIS Q 27001 の認証基準というのは、きちんと情報セキュリティポリシーと情報セキュリティマネジメントシステムを作れているかどうか審査してくれる機関があって、ここで示されている基準をクリアするとお墨付き（認証）をもらえます。自社のセキュリティへの取り組みがどのくらい上手に進んでいるかを確認したり、社会にアピールするのに使えます。**日本情報経済社会推進協会**（**JIPDEC**）がこの制度を運用していて、**ISMS 適合性評価制度**として根付いています。

死文化

情報セキュリティポリシーを作る際に重要なことは、ポリシーを**死文化**させないことです。死文化とは、その文書や取り決めの実効がなくなってしまうことで、たとえば会社の PC でのインターネット接続を禁止するルールを作り、そのルールに則って実際にインターネット接続ができないようになっていても、それがどうしても必要なら社員たちは自分のスマホでインターネットを利用するでしょう。

ルールを定めたときには、会社のデスクトップ PC を規制すればインターネット接続を防止できたのかもしれませんが、そこから時間が経って

図7.3 シャドーIT

スマホが当たり前になると、規制の意味がなくなってしまうのです。世の中には死文化したルールがたくさんあります。死文化を防ぐには、定期的に情報セキュリティポリシーを見直し、時代遅れになっている規定がないかをチェックしなければなりません。

また、守れないようなルールは作らないことです。先ほどのルールがいい例で、いくらリスクがあるといっても、現状の業務環境でインターネットを利用しないのは無理があります。多くの人が守れないルールを作るのは、セキュリティ担当者の保身のためにはいいかもしれません。「ルールを守らない人が悪いのであって、自分はちゃんとルールを作って対策していた」と言えるからです。でも、そんなルールを作っても、みんなが抜け道を考えるだけで、組織のセキュリティ水準向上には役立ちません。

むしろ、会社の情報環境の使いにくさに呆れた社員が、会社にわからない形で自前のスマホなどを使って情報化を進める**シャドーIT**が進むと、却ってセキュリティ水準は低下します（**図7.3**）。

7.2 情報セキュリティマネジメントシステム

現代組織はなんでもしくみ化するのが好き

ポリシーの実現機構

どんなに立派な文書（情報セキュリティポリシー）を作っても、そこに書かれている作業を行わなければ、目標とするセキュリティ水準は達成できません。ここで定められていることはこの部署が担い、決めごとが守られているかはこの手順で確認して、規定通りに運用するために必要な設備を導入する……といった、具体的な取り組みが必要です。情報セキュリティは企業経営そのものに直結する活動なので、全社でかかわることが重要ですが、そうはいっても中核になる部署やチームが必要です。企業ごとに名称は異なりますが、情報セキュリティ委員会などと呼ばれることが多いです。

情報セキュリティ委員会を中心にセキュリティへの取り組みを進めていくとき、考慮しておくべき点がいくつかあります。まず、情報セキュリティの仕事には終わりがないという点です。

どんな仕事もそうですが、終わって一息つきたい瞬間というのがあります。しかし、情報セキュリティでそれをやってしまうのは、とても危険です。リスクは常に新しく発生していて、ほっとした瞬間にそれを見逃し、大きな事故に発展した事例は１つや２つではありません。情報セキュリティの仕事は、終わらないのです。

これを忘れないようにするためには、第１章でも述べたPDCAサイクルを確立させることが重要です（**図7.4**）。

情報セキュリティに限らず、多くの分野で取り入れられている考え方ですが、Plan（計画）を立て、Do（実行）し、計画通りに実行できたかを必

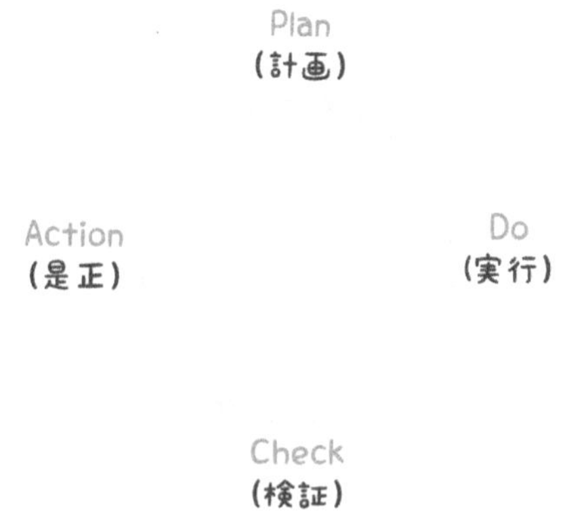

Plan
(計画)

Action
(是正)

Do
(実行)

Check
(検証)

図7.4　PDCAサイクル

ずCheck（検証）します。もし、計画と実行に乖離が見られれば、Action（是正）によって新たな計画を作ります。それがまた実行されていくのです。

確実にPCDAサイクルが回り続けるように情報セキュリティポリシーを作らなければなりませんし、定めた情報セキュリティポリシーを余さず実行し続ける情報セキュリティマネジメントシステムを確立することも重要です。情報セキュリティポリシーと情報セキュリティマネジメントシステムが、車の両輪だと表現されるのはこれが理由です。どちらが欠けても、セキュリティの取り組みが頓挫してしまうでしょう。

情報セキュリティポリシーや、その他の会社の規程類に、罰則規程が盛り込まれていることも重要だといわれています。アメとムチではありませんが、罰則のない規程はどうしても守られないことが多くなります。

多くの社則や規程と同じように、情報セキュリティポリシーも、守らなかった場合の罰則を定めておきます。いたずらに文書を増やすのは得策ではありませんので、他の規程の罰則を引用する形で構いません。このように、すでに企業経営のためのマネジメントシステムを確立している会社は、それを転用するだけで、情報セキュリティマネジメントシステムのかなりの部分を作ることができるでしょう。

アメとムチの例で言えば、セキュリティ水準を達成できたときのアメがあまり用意されていないのが実情です。ソフトウェアの開発に成功した場合などと違って、セキュリティは維持されて当たり前という意識が強いので、なかなか担当者にはご褒美の機会がありません。

確かに事故を起こさないのは経営の大原則ですし、「ふだん通り」の状態でご褒美を出すのも難しいのですが、そもそも困難なセキュリティの仕事、終わりのないセキュリティの仕事に取り組む要員に対して、何らかの論功行賞の機会を与えることはモチベーションや仕事の質の維持のために大事です。

経営層の参加

セキュリティの仕事に取り組むとき、私たちは自分が嫌われ者であることを認識しなければなりません。多くの社員にとって、セキュリティのための措置は邪魔なことです。パスワードがあるせいで、いったいどれだけの時間を使っているでしょう。塵も積もれば山となりますし、パスワードを忘れて再設定のために書類を郵送することにでもなったら、その時間は跳ね上がります。

セキュリティの担当者がうるさく言わなければ、機密情報を家に持ち帰って柔軟に仕事をすることも、面倒な上長決裁を受けずにメールで顧客情報をやり取りすることもできるかもしれません。今まで1日8時間、自分の成績のために働くことができていたのに、そのうち2時間をセキュリティのために差し出したら、成績が下がってしまいます。そのぶん歩合給が下がったとしても、会社が補填してくれるわけではありません。

このように、セキュリティの考え方や施策は、人に嫌われそうな要素に満ちています。それでも、野放しにするわけにはいきませんし、先に述べたような理由でセキュリティ対策を頑張ったからといって報償がもらえるわけでもありません。

不利な状況下で、それでもみんなにセキュリティに取り組んでもらうためには、経営層がセキュリティに関わることが非常に重要です。

以前によくあった失敗のパターンとして、「情報セキュリティは技術のことがわかっていないとできないから、若いエンジニアに任せよう」というのがありました。

確かに、セキュリティマネジメントの実行段階では技術の話が絡んでくることもありますが、ここまでに述べてきたように、セキュリティは企業経営と密接に関わっています。どんな資産、どんなリスクがあり、どこまで許容できるのかを正確に判断することは、企業全体を見渡し、俯瞰する能力と経験、権限を持った要員でないとできません。それは端的に言って経営層です。

また、「セキュリティは嫌われもの」であることも、経営層の参加が強く求められる理由になっています。嫌がっている人に言うことを聞いてもらうためには、社長を始めとするボードメンバーの権威が不可欠です。威勢のいい社員でも、やっぱり社長のことは怖いので、少なくとも駆け出しのセキュリティエンジニアが何か言うよりも、きちんと取り組んでもらえる確率は高まります（**図 7.5**）。

このことは、世界的にも重く受け止められていて、ISO/IEC 27001 でも情報セキュリティに対する経営層のコミットメントが求められています。

ただ、このように規定されているということは、世界全体でまだまだ

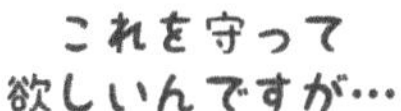

図7.5　経営層の参加

「情報セキュリティは経営層が積極的に関わって進める」という意識が育っていないことを表してもいます。みんなが当たり前に思い、実行していることはわざわざ文書に残さないわけですから。

こうした状況も踏まえて、セキュリティ教育を進めていくことは大きな意義があります。本書のなかでも、「一番よく効くセキュリティ対策は教育」という表現を何度も使いましたが、セキュリティが単にマルウェア対策などにはとどまらず、経営と密接に接続していることや経営層の参加が必須であることなどをみんなが知ることによって、会社はもとより社会全体のセキュリティ水準を底上げすることができます。

7.3 マネジメントシステムの運用とフォロー

作りっぱなしは、失敗のもと

CSIRT

ここからは、PDCA サイクルの後半の話をしていきましょう。業務の前半の工程を上流工程、後半の工程を下流工程と表現することがあります。商品を作って売るのであれば、企画や開発をするのが上流工程で、営業してそれを売り、不具合があれば修理したりするのが下流工程です。

あくまで一般論ですが、業務としては上流工程の方が人気があります。大学生の希望職種を見ても、それが如実に表れます。私自身も経験がありますが、企画や開発はある種のカーニバルのようで楽しいですし、徹夜が続いたにしろ、ゴールは確実にあり、それを目指すことがモチベーションにもつながります。

一方、下流工程は、いわゆるルーティンの仕事になりがちです。ずっと続く販売や保守の活動があり、商品が売れる限りにおいて、明確なゴールはありません。

注意していただきたいのは、下流工程の仕事が軽んじられていいわけではないことです。むしろ、企業活動において下流工程こそが重要だと言えるでしょう。上流工程はお金を生み出していませんが、下流工程はまさに会社にお金をもたらしてくれる活動になります。

とはいうものの、下流工程が人気の点でいまいちで、給与面などでもあまり評価が高くないのは事実です。セキュリティの活動もまさにそうで、大変だとは言いつつも、情報セキュリティポリシーを作ったり、情報セキュリティマネジメントシステムを確立したりする仕事は全社規模のプロジェクトとなり、情熱を燃やす人も多くなります。でも、それが確立された後の日々のセキュリティ活動は地味で、そんなに華々しいものではありません。

しかし、この下流工程たる「日々のセキュリティ活動」こそが、目標とするセキュリティ水準を達成するための極めて重要なピースです。そうした「日々のセキュリティ活動」を行うチームのことを、**CSIRT**（Computer Security Incident Response Team）と呼びます。セキュリティインシデント即応チームといった感じです。

インシデントは、直訳すると「ちょっとした事故」になりますが、実はその背後に「大きな事故になる可能性があった」ことを示唆するニュアンスがあります。インシデントの段階で大事故の芽を摘み、受容水準内にリスクをとどめる役割を持つのがCSIRTと言えるでしょう。

CSIRTについて調べると、ちょっと戸惑うことがあるかもしれません。というのは、アメリカの**CERT/CC**や**JPCERT/CC**など、世界的にも名を知られた超有名組織が「うちはCSIRTです」と言っているからです（**図**

図7.6　CSIRTの規模感

7.6）。

「あんなところがCSIRTならば、うちの会社ごときが作るなんて、だいそれたことだぞ」と、企画前からびくびくしてしまいます。でも、臆することはありません。インシデントが発生したときに対応しなければならないのは、国際機関も個人事業主も一緒です。日本の代表的なCSIRTであるJPCERT/CCが発行しているCSIRTガイドでは、CSIRTは次のように分類できるとされています。

- 組織内CSIRT
- 国際連携CSIRT
- コーディネーションセンター（CSIRT間の連絡や協力を調整する）
- 分析センター
- ベンダチーム（情報機器を作っているメーカーが、自社の商品に対応する）
- インシデントレスポンスプロバイダ（セキュリティサービスを提供する会社）

私たちが自分の会社や学校でCSIRTを運用するときは、当然ながら組織内CSIRTになるので、あまり大上段に構えずに作って大丈夫です。実際、チームといいつつ、1人CSIRTになっている企業も見受けられます。

ただ、1人では対応できることに限界があり、その要員への負荷もとても大きくなってしまうので、セキュリティの専門家でなくてもよいのでチームを構成することは大事です。そのとき、CSIRTを部署として立ち上げる必要はありません。いろいろな部署から抽出された要員がゆるくつながる「チーム」でいいのです。

監査とフォローアップ

監査と聞いて、あまりいいイメージを持つ人はいないかもしれません。なんとなく、不正を見つけるのが主眼というか、痛くもない腹を探られるイメージがあります。

もちろん、不正の発見は監査の目的の1つではありますが、監査を行う理由はそれだけではありません。たとえば、情報システムを対象に行われるシステム監査は、信頼性、安全性、効率性を確認し、向上させることが目的です。不正の発見はその一部に過ぎません。監査というものは、ふだんの会社の活動をチェックし、安全でない部分やお金を無駄にしているところがあれば、よりよく改善する活動なのだと捉えてください。

近年では、コーポレートガバナンスや内部統制の重要性が説かれ、会社の運営の様子がその目的にきちんと合致しているか、法令遵守はなされているかといったことが重視されるようになりました。それを証明する手段の1つとして、監査は積極的に活用されています。システム監査やセキュリティ監査は、会計監査と違って義務づけられてはいませんが、多くの企業が取り入れているのはこのためです。

監査を行う場合、特に重要視されるのがシステム監査を行う担当者（システム監査人）の独立性と客観性をどう確保するかです。

一般的に監査は、会社の経営層が監査を依頼して、監査対象となる被監査部門を調べる行為になります。その目的は信頼性、安全性、効率性を確認し、向上させることですが、監査のプロセスの中で、経営層にとっても、被監査部門にとっても、耳に痛いことを言わなければならないかもしれません。

このとき、監査人が経営層に、「問題ないという監査結果を出せ」と圧力をかけられていたり、監査人が被監査部門の下部組織に配置されたりしていると、正直な監査結果が提出しづらくなり、結果として会社の経営を良くする機会を失ってしまうかもしれません（**図7.7**）。

図7.7　監査人の独立性

そのため、監査人は被監査部門から独立して、異なる指揮命令系統に属している必要があります。これを**外観上の独立性**といいます。また、監査人にも、客観的な立場で公正な判断を行う能力と態度が求められます。監査判断は高い専門知識と、明確な監査証拠に基づいて下します。

よく第三者監査といいますが、利害関係のない第三者に依頼すれば必ず客観性や公平性が得られるわけではありません。依頼する監査機関が、その監査対象に対して十分な専門性や倫理観を持っているかはきちんと見極めねばなりませんし、公平な監査結果が得られるように自由な活動を認め、透明性のある監査証拠を提出する必要もあります。

一方で、会社内の要員が行う内部監査（第一者監査）であっても独立性が保たれ、監査人に十分な知識、技能、経験があれば、第三者監査と同様の公平で有益な監査判断が得られます。文書審査や実地調査による監査が終了すると、監査人は監査報告書を経営層に提出し、問題点の指摘や改善への助言を行います。

監査人はどこが悪かったのかを述べ、どこを直せば良くなるかを助言しますが、このときポイントになるのは、監査人の仕事はそこまでだということです。

改善そのものは、監査報告を聞いた経営層が、その責任において実施します。監査人が改善を率いるわけではありません。もちろん、監査人は経営者が行う改善に対して助言を行いますし、改善がうまく機能したかの確認にも参加します。これを**フォローアップ**と呼びます。先にも述べたように、システム監査や情報セキュリティ監査は、必ず求められているわけではりませんが、企業はこうした監査人の力を借りながら、PDCA サイクルの Check や Action を機能させていきます。

油断大敵、火がぼうぼう

セキュリティ事故が起こったら

ここまでで、すっかりセキュリティに詳しくなりましたが、どんなに対策しても事故は起こるものです。もしものときに、まず何をすればいいのか、何をしてはいけないのかを理解しておきましょう。「必ず遭遇する」と思っていれば、あわてずにすみます。事故を局所化するためのしくみや、早期に復旧させるための技術についても見ていきましょう。ふだん使っているパソコンやスマホにも、事故防止のための技術が盛り込まれていることがわかります。

8.1 セキュリティ事故対応のフェーズ

予防とかかり始めが大事なのは、風邪といっしょ

初動処理の大切さ

セキュリティを考えるとき、まず「事故は起きるものだ」と捉えておくことが重要です。セキュリティを大事に考え、自分の会社に完璧なセキュリティ対策を施してきた人ほど、インシデントの発生を受け入れられなかったり、自分の身にそんなことが降りかかるはずはないので警報装置の誤作動に違いないと誤解したり、インシデントそのものを隠そうと行動したりすることがあります（**図 8.1**）。

これらはすべて、インシデントを「あってはならない」禁忌のように捉えているから起こってしまう現象です。もちろん、インシデントはないにこしたことはありません。セキュリティ対策を行って、インシデントが発生する確率や件数を減らしておくことも重要です。

でも、それでも事故は起こるものです。タブーのように扱うと、報告が遅れたり、隠蔽しようとする力が働いてしまいます。必ず起こるものに対して、組織の構成員がそういう動機を持ってしまうのは、成功したセキュリティマネジメントとは言えないでしょう。リスクを拡大させる可能性が高いです。

図 8.1　インシデントの隠蔽

インシデントは大抵、ふだんとは異なる条件が整ったときに発生します。ふだんは取引先のWebサイトを見ているのだけれど、今日はたまたま勤務中にアダルトサイトを見てしまったとか、ふだんは熟練した技術者がシステムメンテナンスを行っているのだけれど、今日はたまたま新人がOJT（実践訓練）を兼ねて操作をしていた……などなどです。

インシデント、もしくはインシデントらしきものを発見したときは、まず誰かに知らせることが最重要の要目です。インシデントは単体で発生するとは限りません。別のPCや機器でも発生しているかどうか、他の人に知らせるだけでも監視の目を増やすことができます。

また、1人で責任を抱え込んでしまうと、その重圧に耐えかねて隠したり、見なかったことにしたりといった、後から考えると不条理な行動を取ってしまうことがあります。多くの人が情報を共有することによって、落ち着いて対処したり、いくつかある対応方法の中でも最善のものを選択したり、同時に実行できる可能性が高まります。

アダルトサイトなどを閲覧していてインシデントが発生したケース（よくあります）では、こうした発報を恥ずかしくてやりにくいですが、黙っているともっと恥ずかしいことになります。それを防ぐためには、勤務中に余計なものを見るとリスクになることをセキュリティ教育によって正しく認識したり、そもそもアダルトサイトなどを見ることができないようにフィルタリングをしてインシデントが起こりにくい環境を整えたり、きちんとインシデント報告をあげることができたなら、不適切な行為を必要以上には責めないよう制度を設計するなど、ふだんからのセキュリティ対策が重要です。

初動処理と問題解決

インシデントが発生したときに、初動処理に集中することも大事です。ともすれば混同しがちなのですが、初動処理と問題解決は違います。初動処理は応急処置、問題解決は抜本的な手当のことを指すのです。

場当たり的な応急処置と、根本原因の究明・解決であれば、後者の方が素晴らしいように思います。実際に、インシデントの最中に問題解決を始めてしまう人もいるのですが、往々にして被害が拡大します（**図8.2**）。

たとえば、きっぷの自動販売機がプログラムのバグによって壊れたとこ

図8.2 順番を考えよう

ろを想像してみましょう。応急処置は手作業できっぷを売ることでしょう。抜本的な解決は、プログラムの修正です。

このとき、駅員さんがプログラムの修正を始めたら、自分がお客だったら怒ると思います。いまやることは、それではないだろうと。今まさに目の前でサービスを受けられずに困っている人がいるのに、悠々と根本原因の究明と解決（たいてい時間がかかる）を始めたら、電車に乗りたい人のストレスは極大です。利用者をさばくこともできず、駅に人が滞留し、あぶないことになります。

インシデントが発生したときは、まずそれ以上の困ったことが起こらないように、応急処置を施すのが正解です。もちろん、それにもやりようはあって、応急処置をしたが故にリスクが増大したり、最終的な被害が拡大することは避けなければなりません。応急処置のために障害発生時のログが消えてしまって、後から根本原因を調べられなくなるのも、まずい事態です。

また、応急処置だけで終わらせないことも非常に重要です。いったん応急処置が施されると、少なくとも表面上は滞りなく仕事が進むように見受けられるので、そこで安心したり満足したりして、「まあ、これでいいか」と思ってしまうことがあります。インシデントに直面した緊張や、応急処置に尽力した疲労で、判断力が鈍り、もう休みたいと心身が希求するのも原因です。

しかし、応急処置は応急処置であって、速やかに根本原因の究明と解決を行わないと、また同じインシデントを繰り返します。

たとえば、**RAID5**のしくみが組み込まれたハードディスクは1台のハードディスクに故障が生じても、残ったハードディスクでデータの読み書きが可能です。一瞬青ざめた顔色も、ふだんの肌色に戻ろうというものです。

しかし、1台を失ったRAID5は、残ったハードディスクが起こった障害を糊塗しているに過ぎません。データの読み出し速度は遅くなり、もう1台のハードディスクが故障をすると、今度こそデータの読み書きが不能になります。

見かけ上、故障前と同じように動いているにしろ、そのまま使い続けてはまずいのです。初動処理後は、「取りあえず」、「仮に」動いているだけで、ふだんの状態ではないのだと認識して、ハードディスクから必要なデータをバックアップしたら、別の機器に交換するなどの処置（根本原因の解決）をします。

8.2 インシデント遭遇時の初動対応とセキュリティ教育の必要性

しっかり練習しておけば、もしものときもあわてない

ネットワークの切断と窓口への報告

インシデントの起こり方は千差万別ですので、発生したときのことを完全にマニュアル化することは不可能です。しかし、多くの要員はインシデントに遭遇すると焦燥感を覚えて、自分の判断で正確な行動をとることが難しくなります。

そのため、ざっくりとでもマニュアルを作っておくことは非常に重要です。経済産業省が公開している**情報セキュリティ事故対応ガイドブック**などのガイドラインもあります。

インシデント発生時に行うべきことは、何を差し置いても、まず報告です。他の人にインシデントの事実を伝え、巻き込まれないように警告し、助けてもらいます。ただ騒いで回っても（それすら、黙っているよりはいいですが）混乱が生じたり、その情報を伝えるべき人に伝わらなかったり

するので、窓口（CSIRTなど）に伝達します。

窓口を整備し、その存在を周知していなければ、こうした行動はとれないので、ふだんからのセキュリティ対策が大切であることがここでもわかります。

マルウェアなどに感染した場合は、被害を拡大しないこと、被害をくり返さないことを最重要視して行動します。具体的な行動としては、ネットワークの切断を行うことになるでしょう。

この辺の考え方も、病気のウイルスと一緒です。感染性で、かつ重い症状を発症する病気に罹患した人がいたら、その人に治療を施すことはもちろんですが、まず隔離を行います。他の人に感染して、パンデミックになることを防ぐためです。一度パンデミックにまで発展してしまえば、状況を能動的にコントロールすることは不可能になるので、この処理は非常に重要な意味を持ちます。

ネットワーク切断の方法は大きく分けて、物理的なもの（LANケーブルを引っこ抜く）、論理的なもの（ネットワーク通信ができない設定にする）の2通りがありますが、マルウェアによってPCが汚染された段階で論理的な方法は信頼できなくなっています。管理画面上ではネットワーク接続を切断したのに、実際には通信を続けているマルウェアなどが実在しますので、LANケーブルを抜いたり、無線LAN機能を物理スイッチでオフにするなどの処置が望ましいです（**図8.3**）。

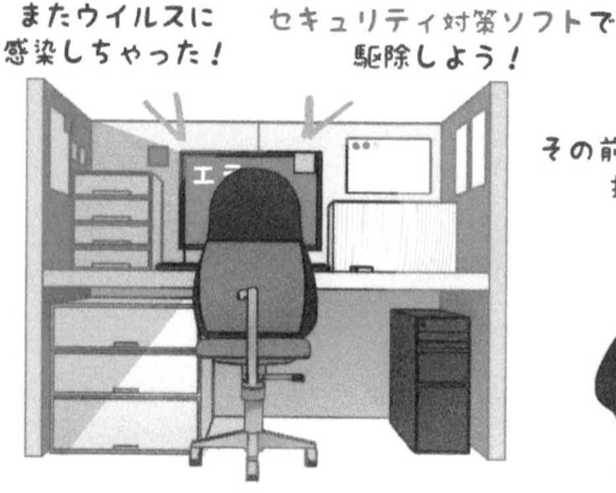

図8.3　ネットワークからの切断

とはいえ、機器構成や機器の設定によっては、こうした処置が情報システム全体に思わぬ副作用を及ぼすことがあります。判断に迷った場合は、CSIRT の要員が駆けつけてくるまで触らずにおきましょう。

こうした初動処理を、組織を構成する要員全員が行えるようになっていると、その組織のセキュリティ水準はとても高くなります。

セキュリティ教育は、最も効果の高いセキュリティ対策であるという言い方は、これまでにも何度も出てきましたが、先ほどの「この LAN ケーブルは抜いていいのか、抜かない方がいいのか」が、誰でもわかるのか、それとも CSIRT の要員クラスでないとわからないのかは、とても良い実例です。

セキュリティ教育の必要性

セキュリティ教育によって、すべての人がこれを判断できる能力をつけていれば、初動処理がより迅速に行われ、被害を最小化することができます。

第 1 章でも述べたように、境界線型のセキュリティシステムの大きな脅威は内部犯です。本来安全であるべき境界線の内側に攻撃者が侵入してきたり、もともと味方だった人が裏切ったりすると、大きな被害が起こることはこれまでの歴史（とりわけ戦史）で明らかです。内部犯はセキュリティ管理をする人の最大の懸念と言ってもよいのです。

いわゆる日本型慣行が崩れ、終身雇用の保障がなくなり、雇用の流動性が高まっている現在は、内部犯の潜在リスクが高まっていると言われています。一生付き合う会社であれば、その価値を毀損したり、クビになったりするリスクを冒してまで内部犯としては振る舞わないけれど、どんどん会社を移っていくのであれば会社に忠誠を誓う意味が希薄になるからというのがその理由です。

この仮説の是非はともかくとして、内部犯の抑止にもセキュリティ教育が効くと言われています。自分が内部犯となることでどれだけのリスクを負うことになるのか、知る効果があるからです。

復旧の目標を定める

インシデントへの対応に関連して、**RPO**（Recovery Point Objective：目標復旧時点）と **RTO**（Recovery Time Objective：目標復旧時間）とい

RPO
(Recovery Point Objective)

RTO
(Recovery Time Objective)

インシデント

1日前　1時間前　1分前　1分後　1時間後　1日後

図8.4　RPOとRTO

う2つの指標を覚えておきましょう。

RPOはインシデントが起こったときに、そのインシデントのどのくらい前の状態に復旧できるかを表します。

RTOはインシデント発生後、どのくらい時間をかければ復旧できるかを表す指標です。たとえば、RPO = 1日前、RTO = 1時間後であれば、事故後1時間で復旧できるけれども、復旧状態は事故の前日になり、当日行った業務は消えてしまいます（**図8.4**）。

大事な仕事が消えてしまっては困りますから、理屈の上ではRPOもRTOも0になるのが理想です。しかし、両方を0にしようと思えば、際限なくお金がかかります。「データが消えてしまう」インシデントにバックアップで対策する場合、RPO = 1分前を実現するのであれば、1分ごとのバックアップが求められます。

それだけの手間や費用をかけるに値するデータや業務なのか判断しなければなりませんし、費用対効果も考えなければなりません。セキュリティ対策を推し進めていくと、あらゆる資源や業務の定量的な評価に結びついていきます。

スナップショットの確保

マルウェアに感染したPCをネットワークから切断して隔離したら、次は**スナップショット**を確保します。スナップショットとは、ある時点でのメモリやハードディスクの記録で、この後に続く問題の切り分けプロセスや、問題解決プロセスで大きな手がかりとなるものです。

PCにマルウェアなどが感染すると、とにかく何かが動いているのではないかという恐怖感が先に立って、電源を切ってしまいたい誘惑に駆られます。もちろんそれもダメなわけではありません。感染したPCをネットワークに接続したまま放置するような状況に比べれば、ずっとマシです。

しかし、マルウェアの中にはファイルを作らず、メモリでのみ活動し、電源をオフにするとその存在ごと抹消するようなタイプがあります。このようなマルウェアを事後的に検証し、インシデント時にPC内で何が起きていたかを突き止め、根本的な再発防止策を講じるには、**スナップショット**を始めとするさまざまな情報が必要です。

たとえばWindowsでは、**Volume Shadow copy Service**（**VSS**）を使ってスナップショットを保存することができます。

デジタルフォレンジックという言葉も頻繁に使われるようになっています。フォレンジックは「法廷」を意味する用語で、そこから敷衍して、法廷で証拠となる精度で情報システムのデータや操作記録（ログ）、スナップショットを保存する試みや、そこで得られた証拠データのことを指す用語として使われています。

言葉で説明すると簡単そうですが、実際に証拠能力を持たせるほどにこれらのデータを収集し保存しておくことは一筋縄にはいきません。たとえば、複数台の機器でログを取得したとき、各々の機器の時計が違っていたら、突き合わせての分析が不可能になるかもしれません。細かい話ですが、**NTP**などのしくみを使ってシステム全体で時計あわせをし、証拠たり得るほどの情報であることを証明しなければなりません。

NTPとは、正確な時刻を刻むNTPサーバから、時刻情報を受け取るためのプロトコルです（**図8.5**）。パソコンやスマートフォンが内蔵する時計は精度が低いので、正しい時刻を外部からもらわないとすぐにズレが生じ

日付と時刻

現在の日付と時刻

2019年9月14日、20:31

時刻を自動的に設定する

オン

図8.5　システムでNTPが設定されている例

ます。

データのバックアップも、最新のものを取得しているだけでは不十分かもしれません。X 月 X 日はハードディスクの内容はこのようだった、Y 月 Y 日はこうだ、と言えて初めて証明できる事実もあるでしょう。

すると、単なるバックアップに比べて、ぼう大な量の世代管理をする必要が出てきます。さらには、保管しておいた情報が攻撃者の手によって都合よく改ざんされていないかどうかを検証しないと、安心して証拠として採用できません。

このようにデジタルフォレンジックを実際に行おうとするのは、手間の面でも費用の面でも大変です。しかし、情報システムがインフラとなり、そこに社会が依存する割合が右肩上がりで推移している以上、あらゆるシステムにデジタルフォレンジックへの取り組みが求められるようになるでしょう。

たとえば、自動車にドライブレコーダーを搭載する利用者は確実に増えました。搭載する理由は人それぞれではあるでしょうが、交通事故などを起こしたときに不当な訴えなどから自分の身を守るために設置している人が大半を占めます。実際に、不当な行動を告発するなどの用途でどんどん使われていることは、皆さんご承知の通りです。同じことが、情報システムだけでなく、社会を構成する多くの要素に波及していくでしょう。

8.3 インシデント発生時に業務を止めないためには

コンピュータに頼っているので、長く止まると大損する

フォールトアボイダンスとフォールトトレランス

業務の継続性が大事だと言われます。時には自然災害などで業務が止まってしまうことはありますが、何時間、何日で復旧できるかが、その後の業績や企業の行く末をも左右するようになっています。

これだけ情報技術が社会インフラの中へ深く食い込むと、会社の業務を止めないこと＝情報システムを止めないことと言い換えても過言ではありません。しかし、「情報システムを止めない」のは、言うのは簡単でも実現するのは非常に難しいミッションです。

この問題にアプローチするとき、昔からある考え方は**フォールトアボイダンス**です。アボイダンスは「回避」といった意味合いの言葉ですが、故障しては困る機器があったとして、それが故障しないように高精度、高耐久性をもって設計、製造するような対策を指します。

PCを使っていて、壊れたら嫌な機器の最右翼としてハードディスクがあげられるでしょう。CPUやメモリは、故障しても換えの部品を買ってくることができます。もちろん、ハードディスクも交換することができますが、そこに保存していたデータは買ってくることができません。業務の帳票やノウハウが詰まったディスクが破損すれば、最悪の場合、事業がたち行かなくなることも考えられます。

一方で、ハードディスクは壊れやすいパーツでもあります。どんな機械も激しく動くものほど壊れやすいのは自明ですが、ハードディスクは高性能なものは10,000 rpmと、F1のエンジンの3分の2ほどの回転数を誇ります。一番壊れて欲しくないものが、一番激しく動いているのです。

これに対して最初に行われたアプローチがフォールトアボイダンスでした。頑丈な筐体を用意したり、落下を検出するセンサーを付加して、地面に叩きつけられる前にアームを収納してディスクに傷がつかないようにするのです。こうした施策は効果はありますが、高コストです。

その後、**フォールトトレランス**と呼ばれるアプローチ方法が出現します。トレランスは「寛容」を表す語で、ここでは故障に対する許容性を意味します。機械である以上、故障は仕方がないけれども、故障することを見越して、故障が起こったとしても全体としてはきちんと機能するようなしかけを施しておくわけです。

さきほどのハードディスクの例でいうと、とても壊れにくいハードディスクを1台作る（フォールトアボイダンス）よりも、ふつうのハードディスクを2台並べて同じデータを保存しておいて、「たとえ片方壊れても、もう片方には同じデータがちゃんと残っている」状態をつくる（フォールトトレランス）方が、ずっと低コストであることがわかっています（**図8.6**）。

実際に、ハードディスクには**RAID**と呼ばれる組み方があります。RAIDとは、Redundant Arrays of Inexpensive Disksのことで、「安いディスクを並べて使おうぜ」くらいの意味です。RAIDにはいくつかの種

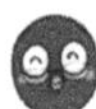

図8.6　フォールトアボイダンスとフォールトトレランス

類があるのですが、家庭向けのPCでも見かけることがあるRAID1という方法は、まさに2台のディスクに同じデータを保存しておき、片方が故障してもPCの使用に差し支えがないようにしたものです。

「1台が壊れても、もう1台が残っている」のは、フォールトトレランスの主要な考え方の1つです。本来1台で済むはずのところを、2台、3台と機器を用意しておくわけですから、ぱっと見は無駄なのですが（第1章で学んだ「冗長」というやつです）、故障が発生したときに真価を発揮します。

たとえば、重要な業務を行うコンピュータでは、デュアルシステムやデュプレックスシステムが使われます。

デュアルシステムでは、2台（3台でも4台でもいいですが）のPCがまったく同じ仕事をしています。仮にどちらかが故障しても、まるで故障がなかったかのように、仕事を続行することが可能です。

ただし、デュアルシステムは、何事もない場合は片方のPCは無駄な作業をしているとも言えます。そこを改良したのが**デュプレックスシステム**で、片方のPCは大事な作業（主系）を、もう片方のPCはそうでもない作業（従系）をします（**図8.7**）。

従系のPCが壊れた場合、主系のPCはそのまま作業を続行します。こ

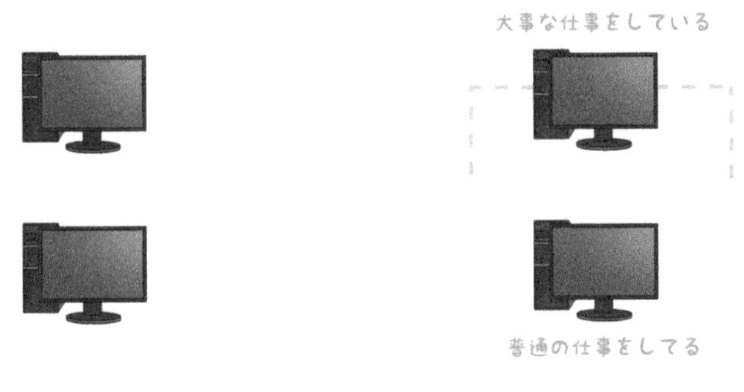

図8.7 デュアルシステムとデュプレックスシステム

れで大事な作業は止まりません。主系のPCが壊れたときはちょっと困ります。そのときは、従系のPCの「そうでもない作業」を止め、「大事な作業」をするように切り替えます。大事な作業を続行することはできますが、切り替えのための停止時間（ダウンタイム）が発生することは避けられません。

これでどのくらい稼働率に影響があるのかを考えてみましょう。PC単独の稼働率が90％（0.9）だとします（とても低い稼働率です。売り物になる数値ではありませんが、ここでは例としてわかりやすくしています）。これが2台体制になって、どちらか片方が動いていれば、システム全体としては健全だとしたらどうでしょう。

どちらかが動いている確率は、下の式によって99％であると導くことができます。

$$1-(1-0.9)\times(1-0.9) = 99\ \%\ (0.99)$$

1－0.9というのは、100％から稼働率90％を引いているので、PCが故障する確率を意味しています。これが10％なわけです。

(1－0.9)×(1－0.9) は、2台が同時に故障してしまう確率です。10％×10％ですから1％です（**図8.8**）。

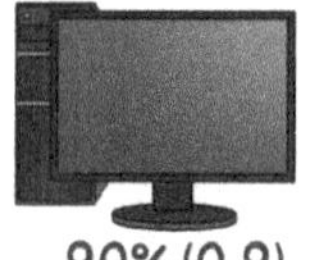

図8.8　稼働率の計算

ここで得られた1％（2台同時に故障する確率）を100％から引くと99％（2台のうち、どちらかは動いている確率）が出てくるという算段です。

確かにぐんと稼働率が上がっていることが見て取れます。ちょっとピンと来にくいかもしれませんが、単独の機械で稼働率を9％も向上させるのは至難の業なので、機器を冗長化して壊れたら切り替える（**フェールオーバー**）ことが、いかに効果があるかわかります。

フェール××

フォールトトレランスを実現するための方法は、フェールオーバーだけではありません。他の方法についても、いくつか知っておくと自分の業務を改善したり、新しいシステムやサービスを考えたりすることの手助けになるでしょう。多くは、フェール××という名称になっています。

フェールセーフは、もし日本語に訳すとしたら、「安全側故障」といった感じになります。「故障」と聞けばなんでもかんでも悪いイメージに思いますし、実際困るのですが、同じ故障でも「まあ安全な故障」と「危険な故障」があります。壊れるのは避けられないけれども、安全な方向へ壊れよう、とするのがフェールセーフです。

たとえば、信号機が壊れて点灯しっぱなしになったとします。このとき、青が点きっぱなしになるのと、赤が点きっぱなしになるのでは、同じ故障でも事故が起こる確率に天と地ほどの開きがあります。どうせ点きっぱなしになるのなら、確実に赤が点きっぱなしになるようにしよう、とい

図8.9　フェールセーフ

うのがフェールセーフの考え方です。

スキー教室に入ると、まず転び方を教えてくれます。初心者に「転ぶな！」と教えても、無理だからです。転ぶのは仕方がないけれども、怪我をしないような転び方から教えてくれるわけです。これはまさにフェールセーフの発想です（**図8.9**）。

フェールソフトは、「軟着陸故障」くらいに訳すことができると思います。これもフォールトトレランスを実現するための考え方ですから、壊れること自体は許容するわけです。でも、致命傷にならないように、フェールソフトの場合はシステムの部分部分を切り離したり止めたりすることで、全体が停止しないように設計します。

もちろん、どこかの箇所や何かの機能を止めてしまえば、全体の性能が低下したり、特定の機能が使えなくなったりして、完全稼働とは言えない状態に陥りますが、全部が機能不全に陥るよりはマシだという発想です。

昔、ワイドボディの大型航空機は4発のエンジンを積んでいました（いまはエンジンの信頼性が上がっているので、かなりの大型機でも双発機がほとんどです）。あれは、飛行をするのに必ずしも4発のエンジンが必要なわけではありません。短時間なら、1発でもコントローラブルな状態で飛ぶことができます。

ですので、もし故障が起こっても、1つめのエンジンを止め、2つめのエンジンを止め……と対処していくことができます。4発が健全に稼働して

図8.10 フェールソフト

いるときよりも、性能は落ちているので、これを**縮退運転**とも呼びます。

このとき、できれば生き残らせる機能は、重要な機能を選びます。たとえば、使っていたPCが不安定になり、何かのアプリを強制終了しなければ、OSそのものが落ちてしまいそうになったとします。全部失うよりは、一部のアプリの強制終了の方が被害は小さいので、何を落とそうかという話になります。

このとき、仕事のアプリと、仕事の合間に遊んでいたゲームのアプリが稼働していたとするならば、ふつうは仕事のアプリが生き残ってほしいと思うはずです。結果として、ゲームを諦めて仕事の方のアプリを無事に稼働させるのが、フェールソフトであるといえます（**図8.10**）。

フールプルーフ

フールプルーフは、「間違った使い方への耐性」です。ウォータープルーフが水への耐性、すなわち耐水性を示すように、フールプルーフは間違いやしくじりを犯しても、それがトラブルとして表面化しないようにしてあることだと思ってください。

情報システムは、使用方法が複雑なこともありますし、利用者すべてがマニュアルを熟読してくれるわけでもありません。どこかでは、必ず間違った使い方や、して欲しくない使い方に直面することになります。そのときに、故障や誤作動に直結させないためのしくみがフールプルーフです。

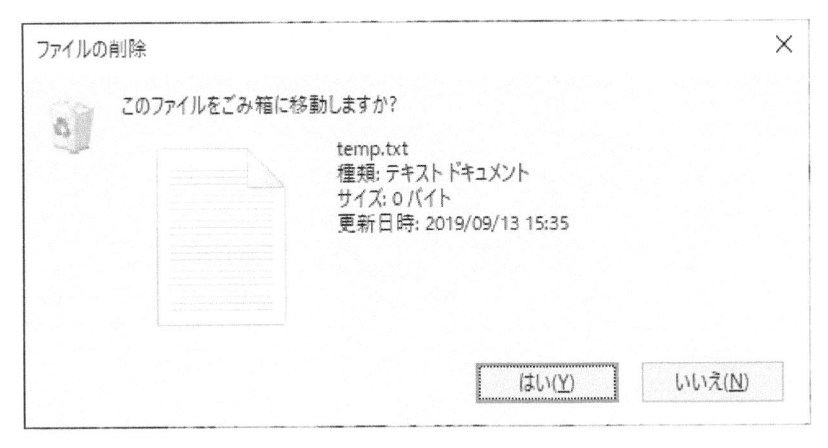

図8.11　フールプルーフ

私は以前、ドラム型洗濯機のふたを開けたままスタートボタンを押し、大変な目に遭ったことがあります。しかし、近年の機種で、ふたが開いているのにスタートボタンを押せる洗濯機などは稀でしょう。

また、PCの操作をしていても、頻繁にフールプルーフの機能が働きます。たとえば、ファイルを削除しようとすると、「本当に消してもいいですか？　Yes/No」とメッセージが表示されることがあります。これもフールプルーフです（**図8.11**）。

他の項目でも学んだように、自分で作ったファイルはかけがえのない資産です。自分で書いたレポート、自分の写真、自分の仕事のノウハウ。これぱっかりは、いくらお金をつんでも、どこかから買ってくるわけにはいきません。ファイルには、そのような大事な情報が格納されている可能性があるので、利用者が削除操作をしたからといって、それですぐにファイルを消してしまうのではなく、「本当にいいですか？」と聞いているわけです。

また、仮にここでYesボタンを押し、ファイルを削除したとしても、それでストレージから永遠に消えてしまうわけではなく、多くのOSが「ゴミ箱」などの形で削除済みファイルを残しています。ファイルが大事であるがゆえに、二重のフールプルーフを機能させていると言えます。

参考文献

コナン・ドイル『シャーロック・ホームズの帰還』新潮社、1953

暗号についての短編「踊る人形」が収録されています。暗号解読ってこうやるのか！ とイメージを持つために。

齋藤孝道『マスタリングTCP/IP 情報セキュリティ編』オーム社、2013

インターネットまわりのセキュリティ技術が知りたくなったら。

サイモン・シン『暗号解読〔上〕』新潮社、2007
サイモン・シン『暗号解読〔下〕』新潮社、2007

「踊る人形」よりずっと本格的ですが、物語風なので読みやすいです。

辻井重男『暗号 情報セキュリティの技術と歴史』講談社、2012

暗号の本は良書がたくさんありますが、安心の定番。

徳丸浩『体系的に学ぶ 安全なWebアプリケーションの作り方 第2版』SBクリエイティブ、2018

仕事でアプリにかかわるなら、一度は読んでおきたいです。

中尾康二『ISO/IEC 27001:2013 情報セキュリティマネジメントシステム要求事項の解説』日本規格協会、2014
リスクマネジメント規格活用検討会『ISO 31000:2018 リスクマネジメント解説と適用ガイド』日本規格協会、2019

セキュリティマネジメントとリスクマネジメントの規格解説です。実用度高め。

参考URL

日本のセキュリティの親玉の一つ

JPCERT コーディネーションセンター　https://www.jpcert.or.jp/

脆弱性について知りたくなったらここ

JVN iPedia 脆弱性対策情報データベース　https://jvndb.jvn.jp/

索　引

数字

欧文

た行

な行

は行

ま行

や行

ら行

わ行

著者紹介

岡嶋裕史（おかじまゆうし）　博士（総合政策）

1972年　東京都生まれ
1999年　株式会社 富士総合研究所勤務
2002年　関東学院大学 経済学部専任講師
2004年　中央大学大学院 総合政策研究科総合政策専攻博士後期課程修了
2005年　関東学院大学 経済学部准教授
2014年　関東学院大学 情報科学センター所長
2015年　中央大学 総合政策学部准教授
現　在　中央大学 国際情報学部教授

NDC548　190p　21cm

絵(え)でわかるシリーズ
絵(え)でわかるサイバーセキュリティ

2020年6月23日　第1刷発行
2021年4月22日　第2刷発行

著　者　岡嶋裕史（おかじまゆうし）
発行者　髙橋明男
発行所　株式会社　講談社
〒112-8001　東京都文京区音羽2-12-21
販売　(03)5395-4415
業務　(03)5395-3615

編　集　株式会社　講談社サイエンティフィク
代表　堀越俊一
〒162-0825　東京都新宿区神楽坂2-14　ノービィビル
編集　(03)3235-3701

本文データ制作　美研プリンティング　株式会社
カバー・表紙印刷　豊国印刷　株式会社
本文印刷・製本　株式会社　講談社

落丁本・乱丁本は、購入書店名を明記のうえ、講談社業務宛にお送りください。送料小社負担にてお取替えします。なお、この本の内容についてのお問い合わせは、講談社サイエンティフィク宛にお願いいたします。定価はカバーに表示してあります。

Printed in Japan

ISBN 978-4-06-520089-6